JN122417

自然科学総合実験

東北大学自然科学総合実験テキスト編集委員会　編

キラルリン酸触媒による不斉合成

　　鏡像異性体を作り分ける技術：不斉合成は，医薬品製造などには欠かせない技術で，古くからさまざまな方法が考案されてきた．触媒として従来の金属や酵素ではなく有機化合物を使うキラル有機触媒合成は，環境影響が少なく安価に利用できることから大きく注目されており，その開発発展に寄与したDavid W. C. MacMillan（米）と Benjamin List（独）は 2021 年ノーベル化学賞を受賞している．

　　図に示したキラルリン酸触媒もキラル有機触媒の一つで，2004 年，秋山（学習院大）および寺田（東北大）によって独立して開発され，その強力な基質認識能と酸触媒としての利用性の高さから多様なキラル分子を合成する触媒として現在世界中で幅広く使用されている．現在では，写真のように低温化での可視光の吸収によって発生させた励起状態にある高反応性分子をキラルリン酸触媒との水素結合により制御しキラル分子へと変換する不斉反応へと展開されている．

　　酸触媒反応は水素イオンによる基質の活性化を起点とする重要な有機合成手法のひとつであり，課題 6「簡単な有機化合物の合成」で，その実際の反応を学ぶ．

（東北大学大学院理学研究科化学専攻反応有機化学研究室　提供、撮影：Kohei Shikama）

初版まえがき

　現代の自然科学は，数学・物理学・化学・生物学・地学の領域に分化し，宇宙の創生から原子や分子の操作，機能性材料の設計と合成，遺伝子制御，地球システムの理解まで高度な先端領域を形成している．さらに，近年になって，学際領域・複合領域の研究が重要性を増し，活発化してきている．東北大学では，平成16年度から新入生に対する実験教育を早い時期から実施し，実験に親しむ科目を開講することを決定した．目的は，学生が自然科学を学ぶ上での出発点である実験による感動を体験し，学問への取り組み姿勢を確立してほしいというところにある．そのために，東北大学では，従来の理科実験科目（物理・化学・生物・地学）の内容を融合し，「種々の自然現象にふれることのできる」範囲から選んだ多様なテーマで構成される新しい理科実験科目を創設することが望ましいと判断し，加えて，この科目は理科系すべての学部の学生が受講し，文科系にも開講するのが望ましいとの展望を示した．以上の議論を踏まえて出来上がったのが，この「自然科学総合実験」である．

　「自然科学総合実験」では，自然現象の中で，特に話題性のあるテーマ，実験結果が明瞭で自然のしくみを理解し易いテーマを実験課題として選定した．ここで取り上げたテーマは，「地球・環境」，「物質」，「エネルギー」，「生命」，そして「科学と文化」である．「地球・環境」では，地球の重力，地球に降り注ぐ自然放射能を計測し，そして，広瀬川の水のリン濃度を測定し，その水質を評価する．「物質」では，金属・高温超伝導体そして高分子（ポリマー）の電気伝導と有機化合物の合成について学ぶ．「エネルギー」では光のエネルギーと太陽電池，燃料電池のしくみを理解する．「生命」ではDNAを中心とした実験で，DNAによる生物の識別，生きた細胞の観察（DNAの局在する核の観察），さらにDNAの物理的性質を体験する．「科学と文化」では，音楽を題材としている．ギターの弦を用いて，音階と弦の振動との関連について考察し，「科学なしでは解けないが，科学だけでも解けない」問題について学ぶ．

　この科目は，自然と親しむことを目的としている新しい実験科目であり，従来の基礎実験技術の習得を目的した科目とは異なる．内容は，2年間の数多くの議論と予備実験を経て完成したものであるが，受講者個人のテーマに関する関心度の問題や基礎技術の未習熟に基因する実験実施上の困難が生じる可能性をはらんでいる．それらに関しては，今後積極的に改善に取り組む予定であり，受講者の多くの意見や批評を期待するものである．

　最後に，この科目が受講者の知的刺激となり，上記目的が達成できることを期待して巻頭の言葉としたい．

東北大学自然科学総合実験テキスト編集委員会

2023年度開講に寄せて

　自然科学総合実験は，受講学生が自ら実験することで「論理的思考能力」，「継続的に新しいことに興味を持ち，挑戦する意欲と能力」，「科学的な文章を書く能力」を獲得することを目標として掲げ，日々改良を重ねながら，開講から20年目を迎えた．2019年度までは12種類の実験を毎週実施していたが，2020年の新型コロナ感染症パンデミック時に6種類の実験に絞り込み，2021年度からは対面実験とオンライン実験のハイブリッド型理科実験への変革を始めた．その形式は，各週に試行錯誤と対話の要素が盛り込まれたものとなっている．これにより，受講生はオンラインで実験計画を検討したのち対面で実験を実施したり，自分でおこなった実験結果を他者とオンラインで議論することが可能となった．実験レポートは2週間かけて作成し，Google Classroom を介して提出し，その評価はコメント付きで返却される．これにより，学生自身がレポート執筆力に関する自身の到達度を具体的に知ることができるようになった．これらの試みは受講者から高い評価を得ており，2023年度も継続していく．

　この科目で取り扱う実験課題は，新しいテーマに積極的に取り組む方針で設定されている．すなわち，21世紀の人類的課題である「地球・環境」，「エネルギー」，「生命」，そして東北大学が伝統的に世界をリードしてきた材料開発分野に対応する「物質」，さらに自然科学の手法が社会的な現象の理解にも有効であることを示すために「科学と文化」の5つの大きなテーマである．各実験課題はひとつのテーマをいくつかの科学分野の視点から捉え，多次元的に理解できるように用意されている．そのため物理学，化学，生物学，地学の自然科学系の科目が融合した理科実験科目となっている．2022年度からは回折現象を題材として「物質」と「生命」のテーマにまたがる新しい実験課題を追加して実施している．これらの実験課題は，実験の過程がひとつひとつ見えるように工夫されている．そして受講者が自ら課題に取り組む中で論理的思考能力と挑戦する意欲が獲得できるように設計されている．さらに自分の得た知識を科学的に他者に伝える能力を養うために，レポートの作成を重視し，その支援にも注力している．

　この実験科目は東北大学の理科系学生の必修科目である．受講学生が，大学入学以前に得てきた知識量のばらつきはかなり大きい．そのためテキストは，初修者から既修者にまで対応できるように，「初めから終わりまで読めば，順序よく理解でき，かつ課題と取り組むための十分な知識が得られる」ように配慮してある．また，昨年度からは実験テキストのデジタル化にも取り組んでいる．

東北大学自然科学総合実験テキスト編集委員会

目 次

本書は東北大学での 2023 年度の自然科学総合実験での使用を前提に制作されたものであり，章構成が不規則となっていることをご了承ください．

電子書籍版には今年度開講しない課題を含めて 13 の実験課題すべてが収録されています．

自然科学総合実験を学ぶ前に

1. 大学での「学び」について

東北大学名誉教授 須藤彰三

　大学に入学して，初めて「実験」に触れる人も多いのではないでしょうか？「実験て何？実験て重要な科目なの？」という声が聞こえてきます．それに答えるためには，皆さんの大きな意識の転換を図る必要があります．今まで学んできた高校の学習（study）では，大学入試を突破するのが大きな目標でした．これから学ぶ大学での学び（learn; 学習や研究）では，人類の求めている真理を探究することが大きな目標となります．それを理解するヒントと思われることを，ここにまとめてみました．

1. 高校と大学の学習（学び）の違いと自然科学総合実験

　高校までの学習（study）は，教科書や問題集を基にして，与えられた問題に対する解法を理解し，決まった解答を導き出すというものでした．そして，大学入試問題を解けるようになることが大きな目標でした．しかし，大学における学び（learn; 学習や研究）においては，講義や様々な本などから問題に対する考え方を学び取り，それらを基にして自分なりの解法と答えを創り上げるのが重要となります．そこには，高校で与えられてきた解答や正解はありません．大学での学びは，本質的な問題，人類の追い求めている未知への探求（研究や開発），そして，自らの人生の生き方へと発展して行くからです．
　自然科学総合実験では，様々な分野の実験とその解析法を学ぶ中で，理科系すべての分野に共通している「問題解決への道筋（論理的思考法）」があることを感じてほしいと思います．

2. 問題解決，未知への探求の流れ：実験の役割

　我々，人間の本質的な疑問に，「宇宙は，どうしてできたの？」，「我々は，宇宙のどこにいるの？」，「物質は，どうやってできているの？」，「生命は，どうして生まれたの？」，「人類の未来はどうなるの？」，「生きているってどういうこと？」などがあります．これらの質問は，人間の文化や国籍を問わず，全ての人が抱く疑問です．これらの疑問に答えるために，人類の進歩と共に科学技術は発達してきました．大学では，理科系の学部が中心となって，このような疑問に答えようとしています．そして驚くべきことは，その解決方法が，ただ一つの流れに沿って（道筋をたどって）行われているということです．ここでは，自然科学者を例にとってお話しましょう．

A. 問題設定
　1. 科学者は，観察や実験を行い，疑問を抱き始める．

   2. 科学者は，"何を見つけるべきか？"，"何が問題なのか"を明確に判断する．

   3. 科学者は，過去の知識（図書館やウェブサイトにある本や論文）に基づき，その課題について調べる．説明がつく場合は，この問題は終了し，次の未知の問題に取り組む．

B. 実験の計画と実施

   4. 説明がつかない場合，科学者は，"仮説"または"最も適した解答（モデル）"を考える．

   5. 科学者は，"仮説"または"解答（モデル）"を確かめるために実験を行う．科学者は，思慮深い実験計画を立てるけれども，そのモデルの正しさを証明（検証）するとは限らない．（初めは，ほとんどの場合，失敗に終わる．）

C. 実験結果の解析と考察

   6. 科学者は，実験結果（データ）を数値で解析する．科学者は，似ている現象との比較，分類，グループ化によって解析を行う．

   7. 科学者は，過去に学んだ知識（ステップ3）や新しい理論（ステップ4）に基づき，解析結果（ステップ6）を考察し，仲間と議論し，現在考えているモデルが，正しく自然のしくみを記述しているかを判断する．（仮説やモデルが，誤差範囲内で実験結果を説明しているかを判断する．）

   8. 正しくなければ，ステップ4に戻り，全ての疑問を説明できる解（矛盾のない解）を得るまでステップ4から7を繰り返す．

D. まとめ

   9. 正しければ，科学者は論文を書き，その新しい発見を人類に公表する．その発見が，本質的であればあるほど（教科書に載るような発見であればあるほど），今まで未解明であった自然現象のしくみを予言することにつながる．

   10. 科学者は，次の新しい疑問へと研究を進める．

上記の"研究の流れ"では，"実験"が自然法則の正しさの"証明（検証）"を行っていることが分かります．ステップ1の"疑問"を次のように置き換えれば，理科系の学問すべてが，この手順に従っていることが分かります．理学部：自然のしくみを明らかにしたいと思う；　工学部：新しいもの，新しい製品を作りたいと思う；　医学部・歯学部：新しい医療，新しい治療法を開発したいと思う；　薬学部：新しい薬品を作りたいと思う；　農学部：新しい育て方を開発しようと思う，新しい作物を作りたいと思う．これが，"科学的な考え方"と呼ばれる考え方の流れです．自然科学は，常に"実験"に基づいた実証的な学問であることを認識してほしいと考えています．

　そのほかの特徴として，科学者の発見は，我々がすでに知っている知識や経験に基づいて階段状に発展していること，物理学や化学では，ステップ4 – 7の段階で，実験家と理論家が分かれて共同作業を行うこと等が挙げられます．後者の理由は，モデルを記述する数学的表現が高度に発達したためです．

　上記の"研究の流れ"に従って，この実験の授業の目的を次の3項目を設定しています．

   1. 論理的思考能力の育成（上述の科学的な考え方の流れに従って，考えることができるようになる．）

   2. 継続的に新しいことに興味を持ち，挑戦する意欲と能力を養うこと（新しい研究テーマに興味を持ち，実験できるようになる．）

   3. 科学的な文書を書く能力の育成（科学的な文章（実験レポート）が書けるようになる．）

その他にも，ステップ2にある"問題設定能力"，ステップ5にある"実験の構想力と工夫（アイデア）"，ステップ7にある"仲間と議論する能力"，ステップ4 – 7を"忍耐強く，進める能力"等いくつかの鍵（キー）となる能力が必要ですが，それは，順次，意識して修得するようにしましょう．

最後に，高校までの理科実験と比較してみましょう．高校までの実験は，教科（物理，化学，生物，地学）の内容を理解するための補助教材として扱われることが多いようです．そして，比較的簡単な器具（装置）や材料（試料）で実験が行われています．そのため，"いくつかの考慮すべき条件" を無視していることが多く，実験結果が，学習した現象や法則に誤差範囲内で一致することは多くありません．そして，合えば満足，合わなくても "どうしてそのような結果になったのか？" ということを考えずに（考察せずに）終わってしまいます．

大学での実験は，前述の "実験の役割" で示したように，真理の扉を開く重要な鍵です．予想された結果と合わなかった場合でも，何故合わなかったかを深く考えてみましょう．実験と向き合って，実験から現象を見てみましょう．考えて原因を探ることにより，次に行うべき実験のやり方が見えてきます．"失敗は成功の糧" ということができるようになります．考えないと，失敗は失敗のままで終わってしまいます．忍耐強く，実験を繰り返すことが，新しい真理を見つける重要な鍵といえそうです．

3. 学ぶということ，質問の仕方

ここまで来ると，"大学での学び" についても考えておく必要がありそうです．高校までの学習 (study) は，教科書や問題集を基にして，与えられた問題に対する解法を理解し，決まった解答を導き出すというものでした．大学では，今までに人類の獲得した知識に対しては，講義などをきっかけとして，自ら調べ，学ぶ (learn; 学習や研究) 必要があります．大学での学びの第 1 段階です．大学では，多くの知識（内容）を学びます．私は物理学が専門ですのでこれを例にしましょう．高校まで「物理」と呼ばれていた教科が，大学では，「力学」，「熱力学」，「電磁気学」，「量子力学」，「統計力学」等多くの専門教科に分かれます．それらの背後に共通する問題，概念はなんであろうかと，編み物を解くように，自分で本質 (多くの自然現象の根底にあり，学問の根幹をなすもの) を抜き出す作業が必要になります．第 2 段階は，皆さんの専門とする分野で，自分が学んで得た知識の本質的なものを抜き出す作業です．第 3 段階では，その本質的な考えを，自分の知識や知恵に織り込む必要があります．そして，自分の世界観，自然観を形成することです．そうすれば，不思議と思える疑問に自ら答えることができるようになります．その答えが，深ければ深いほど，周りの友人や先生にも深い感銘を与えることと思います．

自然科学総合実験では，自然科学（物理学，化学，生物学，地学）の全ての分野にわたって基本的かつ重要な概念が題材として扱われています．この実験では，時間の都合上，装置はセットアップされており，手順も明確な指示があります．そのため "高校での実験と変わりばえしないな" と思う人も多いと思います．しかし，実験を設計した先生方は，上述の内容を意識し，皆さんがその意図をくみ取れるようにセットアップを工夫しています．実験を行う中で，先生の話を聞く中で，その意図を抜き出せるようにしてください．自然科学に共通する，人類普遍の学びとはなんでしょうか？自分で考えて，分からなければ，先生にどんどん質問してください．

その質問に関してもまとめておきましょう．質問するとは，どのようなことを聞けばよいのでしょうか？普段，気にしないで使う言葉ですが，大学での学びをもとに考えると以下の 3 段階の質問があるのではないでしょうか？

(1) 第 1 段階： 分からない言葉や記号の意味を質問する．例えば，単語の意味や数学の記号の使い方です．多くの場合，この段階を意識するのでしょうか？

(2) 第 2 段階： 先生方の言っている内容や話の流れが分からないことを質問する．先生方には，深くそして長い期間培われた知的な背景があります．その背景をもとに話された実験の説明や講義の中

の言葉には，いくつかの意味や概念があり，ちょっと聞いただけでは，理解できないことが多くあります．

(3) 第3段階： 前に経験したことのある実験や自分の世界観（自分の視点）に基づいて，先生の話の内容を再構築しながら聞き，焼き直せない問題を質問することです．この問題設定は，先生が考えている流れとは異なる質問です．そのため，実験や講義の内容を深く掘り下げるのに役立ちます．そして，議論が2次元的に広がり，新しい問題提起や発見にも繋がります．

4. 科学的な文章の書き方

最後に，科学的な文章の書き方（レポートの書き方）についてのヒントをまとめましょう．自然科学総合実験では，科学的な文章を書く能力の育成に重点を置いています．それは，高校までの教育において抜け落ちている部分だからです．

得られた実験結果を整理すること，本質は何かを考えることは非常に時間のかかる作業です．では，それまでして，"なぜレポートを書くのか?"といえば，自然科学を学ぶ学生にとって，実験レポートから発展する論文や企画書・仕様書・報告書等を書く能力は，これから一生の生活の中でも最も重要とされる知的能力だからです．そして，書くことによって分かることがとても多くあるからです．

1. 書く前に

(a) 初めに，何を伝えたいかを考えてみます．実験をして，目的や結果，（自分が）分かったことを整理してみましょう．

(b) 次に，誰に向かって書くのかを考えてみましょう．読み手が分かるように，読み手の知識をもとに書く必要があります．自然科学総合実験では，同じクラスの友人と考えてみましょう．友人に読んでもらって，分からなければ，良いレポートとは言えません．

(c) 上記2項目をもとに，どのような流れで説明したら良いかを考えてみましょう．科学的な文章では，目的，実験の原理（工夫），実験装置，実験結果，考察（明らかになったこと，分かったこと），まとめ（要約）が一般的な流れになっています．各項目について，どのような流れで記述したら分かりやすいのでしょうか?ここで，実験結果と考察は，感想文ではありません．客観的な記述をするように注意しましょう．

(d) 上記 (c) で考えた流れに従って，"表"や"図"を作成します．自然科学総合実験では，表や図の書き方が具体的に指示されていますが，何故それが良いのか?それで良いのか?を考えながらまとめましょう．効果的な図は，読み手の理解をものすごく助けます．

2. 書くこと，そして，一般的な注意

上記の準備のもとに，分かりやすく記述してください．自然科学総合実験のウェブサイトにも詳しい書き方を載せています．文章を書く上での一般的な注意をまとめておきます．

(1) Be clear: 文章は自由に書いてかまいませんが，明瞭に分かるように書いてください．意味が二重にとれるような文章は避けてください．自分が明瞭に理解していないと読み手も分かりません．

(2) Be concise: 自分の考える流れに従って，簡潔に書いてください．不必要な言葉，文章は，消してください．

(3) Be complete: 自分の伝えたいことを，完結するように書いてください．自分の頭の中にあったとしても，書いてくれないと伝わりません．

(4) Put yourself constantly in the place of your reader: 常に，読み手が分かるように書くことに注意してください．

　自然科学総合実験では，以上のような項目を考慮して書かれたレポートが高い評価を得ています．時間は使いますが，このように適切に訓練された科学的な文章を書く力は，皆さんの一生の宝となるでしょう．

5. まとめ

　高校の学習 (study) と大学の学び (learn; 学習や研究) の違いを中心に，自然科学総合実験を受講する前の注意すべきことをまとめてみました．大学での学びは，高校までの受動的な学習態度や知識の獲得から，自らの興味や関心に従って，能動的に知識を獲得し，新しい・未知の問題に対して，自分なりの解答を求めることにあることを示しています．自然科学総合実験では，自然科学（物理学，化学，生物学，地学）の基本的な，そして，重要な概念が題材として扱われています．また，自然科学は実験によって検証される実証的な学問であることが示されています．それをこれから実験（体験）することにより，自然科学で扱われる問題の解決方法は，ただ一つの流れに沿って行われていることを実感することを期待しています．さらに，その考え方は，理科系すべての学問領域にも適用可能であることを示しています．最後に，科学的な文章の書き方と質問の仕方をまとめています．

2. 実験レポート

レポートの構造

　自然科学の論文には，実験結果などを基にしてその自然科学的な解釈およびその意味や位置づけが記述されます．論文が公の場に報告されることにより，学問分野や社会の発展に資することになるのです．自然科学総合実験では，実験のレポートを書くことによって皆さんが学習の成果を表すとともに，このような自然科学研究の体験を繰り返して，その営みを身につけることが目標の一つとなっています．

　レポートは他の人が読むことを目的として書かれるものですから，読む人が理解することを意識して書くことがとても重要なのです．以下の点を参考にしてわかりやすいレポートを書くことを心がけましょう．なお，実験課題毎の詳細については担当教員の指示に従ってください．

- 目的
  この実験課題をとおして何を学ぶのか．各課題の序文を熟読し，その背景などをふまえて意味を読み取り，説明を加えながら目的を書きます．テキストにある文章を丸写しにするのではなく，目的を的確に表す文章を見極め，簡潔に説明を加えるように構成すれば，わかりやすくなります．

- 原理
  前項の目的を達成するための実験を行う上で必要となる，自然科学的な原理や理論あるいは測定法の基礎事項などについて，その要点をまとめます．読者は，「目的」と実際の「実験」の記述だけを読んでも，その実験によりどのような論理で目的を達成するのか，そのつながりを理解することは容易ではありません．この項は，「目的」と「実験」の論理的な橋渡しをする役割を担います．

- 実験方法

  実際に使用した測定器，測定条件，試料，実験操作などについて記述します．なるべく簡潔に書くことが望ましいのですが，最初のうちは何を書き，何を省くかの判断に迷う場合があると思います．他の人がこの部分を読んで実験を再現できるようにすることを意識しながら書いてください．この項目を不足無く書けるように，測定・実験条件などは詳細に実験ノートに記録しておきましょう．

- 実験結果

  実験により得られた結果を客観的に記します．測定データは表やグラフ（手書き）に表すとともに，その見方や特徴，意味などを記述してどのような実験結果になったのかを表すのです．同じ表やグラフを目の前にしても，読者によって見方は異なりますから，わかりやすく簡潔な説明が不可欠です．皆さんが実験結果を読者に説明してください．

- 考察

  実験結果の自然科学的な解釈を記述します．これにより実験結果は自然科学の見方による意味を与えられたことになり，それに基づく論理的な議論へと発展していくことになります．これが考察です．何を書いたらよいかわからないと思ったら，この実験課題の目的を読み返し，それを達成するためにどのような実験を行ったかを見直せば実験結果の自然科学的な意味や位置づけを再確認することができます．さらに，関連する文献や資料などを調べて自分なりに議論を深めることができればなおよく，学習成果の表現としてより優れたものになると思います．

- 結論

  何を目的とし，どのようなことを実験により調べたら，何がわかったのかを簡潔にまとめます．全体を見わたして目的部分と実験結果・考察のつながりを意識し，目的がどのように（どの程度）達成されたのかを簡潔に記述すれば，読者は全体像を読み取ることができ，レポートがわかりやすくなります．

- 設問の解答

  各実験課題のテキストの中あるいは最後に設けられた設問は実験結果の解釈や考察項目と密接に関連しているので，これを基にして考察を進めることもできます．

参照資料の引用について

　レポートを書く上では，本テキスト以外のさまざまな文献資料の知見を利用し，自分の主張を客観的に示したい場合があります．実験課題によっては「○○について調べなさい」という設問もあります．このように書籍や論文などの他者による記述を利用する際には「引用」のルールに従う必要があります．

- 公表された著作物であること．引用できる文献は公表された著作物でなければなりません，他人のレポートなどの非公開物は引用できません．

- 引用部分が明瞭に区分されていること．自分の文章と引用した資料による文章がはっきりと区別がつくようになっている必要があります．

- 引用は「従」であること．あくまでも自分の書く文章が「主」であり，引用部分は量的にも，また論旨・主張の上でも「従」でなければなりません．

引用にはいくつかの形式（書式）がありますが，本実験のレポートでは引用順に文献番号（式番号などと区別するために [1] のように表記する）を振り，末尾の文献リストを番号順に作成する，いわゆるバンクーバー方式を用いるのが良いでしょう．（この他に，引用部分に著者名を示し，文献リストを著者のアルファベット順（あるいは五十音順）に作成するハーバード方式もよく使われる書式です．引用を脚注にする書式もあります．）

引用には「直接引用」と「間接引用」があります．直接引用は資料の文章をそのまま示す方法で，短い文章の場合には「カギ括弧」で囲み，長い文章の場合には段落とインデントを変えるなどして引用であることを示します（下記例文の [2]）．間接引用は元の文章を要約して示す方法で（下記例文の [1]）引用箇所に文献番号を付けることで引用であることを明示します，この場合には元の文意を変えてしまわないように注意する必要があります．

なお，本実験のレポートは本テキストに基づいて作成されることが前提ですので，このテキスト自体を参照資料として示す必要はありません．

———— 引用の例 ————

自然科学総合実験についての調査によると，8割以上の受講者がこの科目に意欲的に取り組んでおり，また成績が A 評価となる受講者も 8 割を越えることが示されている [1]．この結果について広瀬川 [2] は以下のように分析している．

> 自然科学総合実験の受講者が高い意欲をもち優れた成績を修めているのは，科学的な文章が書けるようになりたいという明確な目標を持ち，また新しい課題に挑戦することに喜びを見出しているからだと考えられる．

参考文献
[1]　青葉緑『東北大学自然科学総合実験に関する調査報告書』川内出版，2024，p.10
[2]　広瀬川潔『東北大学における学びについて』片平書房，2025，p.85

レポート作成の際にやってはいけないこと

レポートを作成する際にやってはいけないことは，研究活動を行う際の禁止事項と共通しています．存在しない実験結果やデータなどを作り上げる「捏造」，結果等を真正でないものに加工する「改ざん」，他の研究者によるアイデアや論文，データなどを了解なしにもしくは適切な表示なしに流用する「剽窃」は絶対にしてはいけません．具体的には，自分の都合のよいように実験データを捏造あるいは改ざんしたり，他の人のレポートや論文，ウエブサイトなどにある内容をそのままコピーしてレポートを作成し，あたかも自分で考えたかのように見せかけることなどの不正行為です．このような不正行為が認められた場合には厳正に対処します（罰則については「全学教育科目履修の手引き」を参照）．

3. 実験室での事故防止

「自分の安全は自分で守る」ことが，安全確保における基本です．テキストをよく読んで実験内容と操作手順をあらかじめ把握しておくことに加え，使用する機器や試薬の取扱いと注意点にも目をとおしておきましょう．また，授業の開始時における実験の内容説明を注意深く聞き，より具体的に理解することによって事故防止に努めましょう．

基本的注意事項

- 実験台の整理整頓を心がけると同時に，実験台上には，実験に不要なものを置かないようにしましょう．鞄やコートなどは実験台の下に置いてください．

- 実験器具・試料は使用後は必ず所定の場所に戻してください．

- 実験装置には，回路が露出している部分もあるので感電しないように注意してください．

- 実験室・実験装置は高湿度や結露により悪影響を受けるため，実験室へ傘は持ち込まないでください．

- 試薬を取り扱う実験課題 2，5，6，10，11 では**白衣を着用**して実験してください．

放射性同位元素 (RI) の取り扱い

RI 貯蔵箱から RI 線源を取り出して使用するときは，必ず「RI 貸し出しノート」に記録し，使用後は返却の確認を行ってください．

液体窒素の取り扱い

- 液中に手などを絶対入れてはいけません．

- 手袋や衣服に飛び散って繊維の間に入り，その部分の皮膚が凍傷を起こすことがあるので注意が必要です．

- 液体窒素で冷やされているものに直接手を触れるとくっついて取れなくなることがあります．用意してある革手袋（黄色）を使用してください．

- 液体窒素の中に大量の物を入れたり，室温の容器に急に入れたりすると，気化によって体積が急増し，爆発と類似した現象が起こるので危険です．液体窒素を別のデュワー容器などに移しかえる場合には，少しずつ注いで容器を冷やしながら，注意深く行ってください．

- 液体窒素は金属製のデュワーに入っています．それが空の場合は，教員または TA に連絡してください．

試薬の取り扱い

試薬の中には，引火性や有害性を持つものも含まれます．試薬を使用する場合や廃棄する場合は，課題ごとにテキストなどに記されている取り扱いの記述をよく読むとともに，教員の指示を守って，慎重に行ってください．

- 試薬の種類に対応して適切な防護具（マスク，保護メガネ，手袋など）の指示があるので必ず着用してください．

- 悪臭のある物質や有毒ガスを発生する実験は，ドラフトチャンバー内で行います．実験室の環境を良好に保つため，その使用にあたっては十分注意しましょう．

廃棄物の処理

この実験により発生する廃棄物には，使用済みの反応液や試薬，ろ紙，反応によって生成した固形物，破損したガラス器具などがあります．廃棄物の処理にあたっては，指示に従い，間違いのないように注意して廃棄してください．疑問に思った場合や，判断に迷った場合には，担当教員またはTAに確認してください．

- 反応液や使用済みの薬品は，流しに捨ててはいけません．

- 廃棄物は指定された容器に分別廃棄します．本来廃棄すべき容器と異なる容器に廃棄してしまった場合には，教員またはTAに必ず申し出てください．

レーザー光の取り扱い

レーザー光は，一般的な光源からの光とは異なり拡散せずに進むため，小さな出力であっても大きなエネルギーを持っています．可視光領域のレーザーが眼に入ると，眩しさのため眼をつぶる反射（瞬目反射）が起こりますが，エネルギーが大きい場合，角膜や水晶体を透過して網膜に損傷を与える可能性があります（可視光領域外の紫外線や赤外線のレーザーは角膜や水晶体を損傷します）．損傷を受けた網膜の細胞は再生しないので永続的な障害となり，視野の欠損などを生じてしまいます．

課題12で使用する半導体レーザーは出力が1 mW以下であり，国際電気標準会議（IEC）により規定されたレーザー安全性クラスではクラス2に分類されます．クラス2のレーザーは，瞬目反射によって露光が0.25秒までに制限されるので安全と判断されています．しかし安全のために，レーザーが発振しているときは保護メガネを着用しておくべきです．

緊急時の心得

大きな地震があった場合には，まず身の安全を確保することを第一に考えましょう．落下・転倒物の被害に遭わないようにするために，事前に注意しておきましょう．また，各実験場所には人数分のヘルメットが備えられているので，必要に応じて利用してください．ヘルメットの着用は，揺れの最中だけでなく，その後の安全のため（特に建物の外に出る時）にも重要です．揺れがおさまった後に避難する経路は各実験場所に掲示されていますが，その場にいる教員・TAの指示が最も頼りになります．避難が必要と判断される場合には実施本部から全館放送によりアナウンスしますが，停電となった場合にはハンドマイクを用いて知らせます．指定された避難場所に到着したら，安全確認を行います．

4. 本実験で試薬などを取り扱う際のリスクについて

　危機管理の用語としての**リスク**という言葉は，ある行動をとったときに被る可能性のある**被害の程度**を表すもので，事故が起こる頻度と事故が起きた場合に生じる被害の重大さの両方から評価されます．危険性の高い試薬を用いる実験でも，試薬の使用頻度や量を減らしたり，使用時間を短縮するなどの措置を行うことでリスクを低く抑えることができます．但し，いくら可能性が低いとしても回復不可能な事故を誘発し得るものは，その使用を慎重に検討する必要があります．次項以下をよく読んで本実験で用いる試薬の危険性を把握して，安全に実験を行えるよう心懸けましょう．

●●　試薬の危険性　●●

　一概に危険な試薬といっても，その危険性は様々です．皆さんは危険な化合物と言われて強酸や強アルカリ，塩素ガスなどの反応性が高い化学品を連想するかも知れません．しかし，フグ毒やヘビ毒などの天然物毒素のように，化学的安定性が比較的高いものでも強い有害性を示す化合物は珍しくありませんし，毒性がそれほど高くなくても爆発などを起こしやすい化合物もあります．化学品を安全に取り扱うには，対象とする化学品がどのような危険性を有しているのかを把握し，それに見合った取り扱いを行うことが重要になります．化学品の危険性については，**SDS** (safety data sheet) [*1]にかなり詳細に記されているので，これを熟読して取り扱うのが最も好ましいのですが，試薬容器のラベルに記載されているシンボルマークや危険有害性情報などを確認するだけでも，どのような扱いをすべきかを把握できます．この危険性情報の表示は，国連の勧告によって策定された GHS (The Globally Harmonized System of Classification and Labelling of Chemicals) に準拠したもので，世界共通のものです[*2]．図 1 には，本実験で使用する試薬のうち，この GHS の表示が推奨されている化学品のラベルに表示されるシンボルと危険有害性情報を列挙しています．図 1 に見られるように，本実験でも様々な危険性を有する試薬を使用します．しかし，それをもってこの実験は危険なので行うべきではないと考えるのは早計です[*3]．一般に学生実験は，使用する試薬の危険性を考慮して計画されており，想定されるリスクが低くなるように設計されています．図 1 に挙げた試薬類についても，使用量と使用機会を十分に減らすことで重大な事故が起きないよう配慮されています．例えば硫酸は，本実験で使用する試薬の中で最も危険性が高い試薬の一つで，急性毒性を示します（ラットで評価した場合ミストの濃度 347 mg/m^3, 3 h の条件で半数の個体が死亡すると評価されている）．しかし，硫酸の使用量は 1 グループあたり 2 滴程度なので，上に挙げたようなミストが発生するとは想定しづらく，また，実験者がそのような条件に長時間さらされ続けることもあり得ません．他の試薬や，急性毒性以外の危険性についても同様で，本実験で**想定した取り扱いを行う範囲では**重度の障害を被るような問題が発生することはまず考えられません．むしろ，そうした事故よりも眼球や皮膚などの損傷に注意を払うべきです．そのためには，薬品が付着しないよ

[*1]厚生労働省の SDS 解説ページ http://www.mhlw.go.jp/new-info/kobetu/roudou/gyousei/anzen/130813-01.html
独立行政法人 製品評価技術基盤機構の SDS 制度の紹介ページ http://www.nite.go.jp/chem/prtr/msds/msds.html
などを参照のこと．実際の SDS は各試薬会社の Web 上等に掲載されていて，製品の購入者でなくとも無料でダウンロードすることができます．
[*2]GHS については，環境省のウェブサイトに説明があるほか（http://www.env.go.jp/chemi/ghs/），自然科学総合実験のウェブサイトにも説明があります (http://jikken.ihe.tohoku.ac.jp/science/guidance/GHS.html).
[*3]何事を行うのにも何らかのリスクは必ず生じ，リスクを完全に排除することはできないので，何かを行う際には必ず実現可能な範囲でリスクを減らす検討を行った上で，予想されるリスクと得られるメリットを比較して行う価値があるかどうかを決定します．

う保護具を装着して実験を行うことに加え，万が一薬品が付着した場合には速やかに洗い流すことを心懸けて下さい．

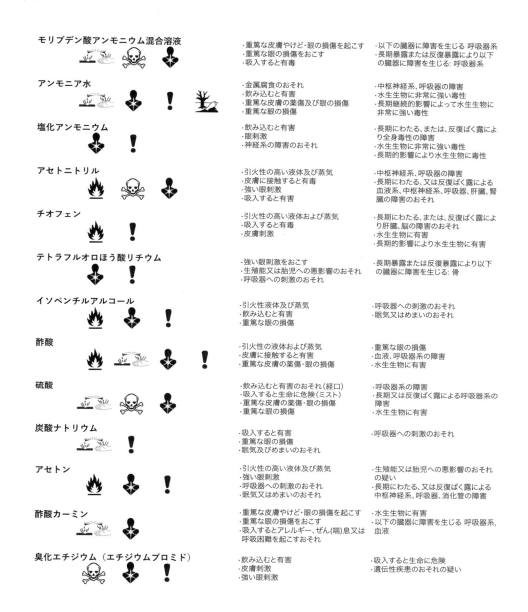

図 1: 本実験で取り扱う GHS シンボルのついた試薬類

I 地球・環境

課題2

リンの分析による広瀬川の水質評価

Section 2.1
はじめに

　「母なる海」という言葉の存在が示すとおり，地球上の生物は水（海）の中で生じ，多様な進化を遂げたとされている．やがて一部の生物は陸上に進出を果たしたが，これらの生息域を陸上に移した生物も水無くしての生存は不可能である．このことは我々人類にとっても同じであり，一人の人間が生きてゆくためには1日約2.5 Lの水を摂取する必要がある．現在，人間は飲料水の他に生活用，農業用，工業用など多様な用途に大量の水を利用しながら生活を営んでおり，日本における水の使用量は，実に年間853億m^3（国民一人あたり約670 m^3）にもおよんでいる．これらの水のほぼ全ては今も昔も変わらず，河川，湖沼および地下水などの陸水により賄われている．古の文明の大半が大河の流水域に築かれたのも当然の成りゆきであり，現在の都市もその多くは川沿いに，これらを利用しながら発展している．我々が暮らす地球は，表面のおよそ7割が海洋によって覆われており，水そのものは豊富に存在しているものの，我々が容易に使用することができる河川，湖沼の水量は，地球に存在する水の全量の約0.01%（地下水を含めても約0.8%）と非常に限られた量しかない．この貴重な資源の確保のため，また，水棲生物の生息環境を保全し，我々の居住環境を良好に保つために，河川，湖沼を汚さずに利用する努力が求められる．高度経済成長期の日本においては，このような注意がなおざりにされ，その結果，相当数の河川で水質汚濁が進行した．このような背景をもとに，1967年に公害対策基本法が制定，施行され，国民の健康保護，生活環境の保全に国が本格的に乗り出した．このことに加えて各自治体の施策や，人々の環境に対する関心の高まりなどもあり，多くの河川でその水質は改善されてきている．東北大学の存する仙台市を象徴する河川である広瀬川[*1]もこの例外ではなく，その水質は周辺地域の人口増加に伴う生活排水の流入の増加により，1960年代から1970年代初頭では著しく悪化し，一時は市街地以降では魚がほとんど住めない状態にまでになってしまった．しかし，その後の「広瀬川の清流を守る条例」の制定や，下水道の整備，市民活動等により水質の改善が進み，現在では生物化学的酸素要求量(BOD)の値[*2]が中流域まで0.5 mg/L以下，下流域でも1 mg/L以下と都市部を流れる河川としては異例ともいえるほど，清浄な流れを誇るまでに水質の改善がみられるようになった．今日では（放流を行っているとはいえ）夏場には中流域以降でも鮎釣りを楽しむことができるし[*3]，冬期にはサケの遡上も見られるようになっている．

　[*1]広瀬川は名取川の支流で，奥羽山脈の関山峠付近に源を発し，太白区袋原，若林区日辺で名取川に合流するまでの流路長45kmの川である．
　[*2]試料水を一定時間放置したときに，水中の好気性バクテリアによって消費される溶存酸素の量のことで，試料水中の有機物の総量の目安となる．
　[*3]鮎釣りなどが認可される河川は，類型がB以上である事が望まれる．(Section 2.5 参考，**生活環境の保全に関する環境基準河川，ア** 参照．)

この課題では，水質汚濁の指標の一つであるリン濃度を広瀬川各所から採取した水について測定することを通じて，その汚染度合について考察する．

●●　2.1.1 水質汚濁防止に関する法規制　●●

現在，我が国では環境基本法[*4]とその関連法令で河川，湖沼，地下水など水域の種類毎に環境基準を設け[*5]，水質を監視することを定めている．また，工場などの"事業所"[*6]が公共用水域に排出する排水には規制がかけられている[*7]．この規制の対象項目は，大まかに二つに分類することができる．一つは人の健康に関わる被害を生ずるおそれがある物質で，シアン化合物，水銀，ベンゼンなどが指定されている[*8]．もう一つは，pH，BOD，窒素およびリンの含有量などで，これらは直接的に人体に害を及ぼすものではないが，生態系のバランスの乱れを誘発するなどして，我々の生活環境に悪影響を及ぼしうる．前者については大きく改善が進んでいるが，事業所以外の影響も大きい後者については，多くの場所でさらなる改善が求められている．特にリンや窒素の過度な流入により引き起こされる富栄養化が，現在も重大な問題となっている水域は少なくない．

●●　2.1.2 富栄養化　●●

地球上の生態系はみな，一次生産者である独立栄養生物[*9]を底辺として成り立っている．ある生態系における一次生産者の生物量は，太陽光などその系に流入するエネルギーや水，生体を構成する物質の元となる栄養塩（窒素，リン，ケイ素，鉄，マグネシウム，カリウムなどの化合物）の量のいずれかにより制限を受ける．富栄養化とは，ある水域でこれらの栄養塩が増加することを指し，富栄養化が進行すればその系の生物量(バイオマス)の上限が上がることになる．この富栄養化は自然状態でも起こる現象で，それ自体は一概に悪いことではない．例えば，健全な生態系が構築されている河口域では，陸地から運ばれる栄養塩類を栄養として藻類や植物プランクトンが豊富に繁殖して，それらがその海域に生息する動物プランクトンや貝類，沿岸性の魚介類など多様な生物の存在を支えることになる．しかし，その生態系が消費できる限度を超過した栄養塩の流入により，過度の富栄養化状態に陥った水域では一次生産者と消費者のバランスが崩れて，問題を生じることがある．その典型的な事例の一つに赤潮がある．赤潮は，栄養塩の増加により植物プランクトンが大量発生する現象で，大量発生したプランクトンが魚などのエラに詰ったり，毒を産生するプランクトンの影響で魚類などに大きな被害が出る．

もう一つ，富栄養化が誘発する環境悪化に関する重大な事象が，貧酸素水塊[*10]の形成である．現在の地球上の生物の大部分は，生きるのに酸素を必要としており，酸素濃度が低い環境はそうした生物には適していない．例えば，魚類の生存には溶存酸素濃度が 4 mg/L 程度必要で，溶存酸素濃度が 2 mg/L 以下の条件では貝類などの生存も困難となる．このような酸素濃度の低い水塊は，富栄養化で大量発生したプランクトンの屍骸などの大量の有機物が，好気性のバクテリアの働きにより分解される過程で酸

[*4]公害対策基本法はその名のとおり，単に公害対策の観点から策定された法律であり，複雑化・地球規模化する環境問題に対応することは困難であった．こうしたことから公害対策基本法は 1993 年に廃止され，これに代わるものとして，現在，環境基本法が日本の公害対策及び環境保護の根幹として機能している．

[*5]各水域における環境基準を章末の参考の項に示した．

[*6]事業所とは，経済活動の場所的単位と定義されている．大学などの学校もこれに含まれる．

[*7]環境基本法の定めに従い，水質汚濁防止法が事業所から公共用水域に排出される水の排出及び地下に浸透する水の浸透を規制している．

[*8]ここには主に農薬，殺虫剤として利用されている有機リン化合物も含まれるが，本課題ではそれらについては考慮しない．

[*9]無機塩類のみを炭素源として用い，エネルギー源として有機物を必要としない生物のことをいう．独立栄養生物が行う無機化合物を出発物質とした有機化合物の合成を一次生産という．

[*10]酸素濃度の極端に低い水塊を貧酸素水塊と呼称している．酸素濃度が 2 mg/L 以下のものをそう呼ぶことが多い．

素を消費することで形成される.

　酸素不足により充分に分解しきらなかった有機物は，水底に沈降してヘドロを形成する．ヘドロの堆積が進行すると，砂地に生息する生物が住処を失うこととなる．これらの生物の多くは水質の浄化に重要な役割を果たしていることから，水質の悪化に拍車がかかる．さらに，ヘドロ中は嫌気性バクテリアが繁殖しやすい環境となるため，その活動により多くの生物にとって猛毒である硫化水素が発生する．こうした富栄養化がもたらす害は沿岸域，特に内湾，内海などの比較的潮の流れの遅い閉塞性の水域で顕著に見られ，世界中で毎年，漁業を中心に莫大な被害が生じている．日本でも有明海から八代海にかけての海域，瀬戸内海，東京湾などで，赤潮が夏期を中心に頻繁に発生している[*11]．例えば，東京湾での赤潮の発生状況は年間 80 〜 120 日にものぼり．6 〜 10 月には海底の約 3 分の 1 を覆う規模の貧酸素水塊が恒常的に発生している[*12]．

●●　2.1.3 富栄養化と生態環境中におけるリン　●●

　以上で述べてきた，富栄養化に関与する最も重要な元素の一つにリンが挙げられる．リンは，遺伝情報を担う DNA や RNA，生体中のエネルギー通貨である ATP，細胞膜などを形成する脂質二重膜の主たる構成要素であるリン脂質の構成元素の一つであり，リン無くして地球上の生命は存在し得ない．さらに，脊椎動物では骨格の主成分であるリン酸カルシウムとしても大量に必要とされる．リンは生物圏中で図 2.1 のようなサイクルで循環していて，生物が利用しているリンは，一次生産者が環境中から取り込んだリン酸塩がもととなっている．動物などの消費者は，生産者を捕食することでリン分を補給している．これらの生物の屍骸や排泄物などを菌類などが分解することにより，リンは環境中に還り，循環サイクルが完成する．

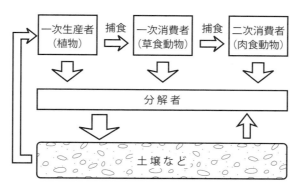

第一次生産者（植物）は，生命活動に必須なリンを環境中から取り込んで利用する。草食動物などの一次消費者はその植物を，肉食動物などの二次消費者はさらにその一次消費者を捕食することで，必要なリン分を獲得している。これら生物の屍骸や排泄物は菌類などの分解者により，リン酸塩に分解され，環境中に戻る。

図 2.1: 生物圏におけるリン循環

[*11]東京都環境局 Web サイト (https://www.kankyo.metro.tokyo.jp/water/tokyo_bay/red_tide/red_tide.html) 参照.
[*12]千葉県 Web サイト内 貧酸素水塊速報
(http://www.pref.chiba.lg.jp/lab-suisan/suisan/suisan/suikaisokuhou/index.html) 参照.

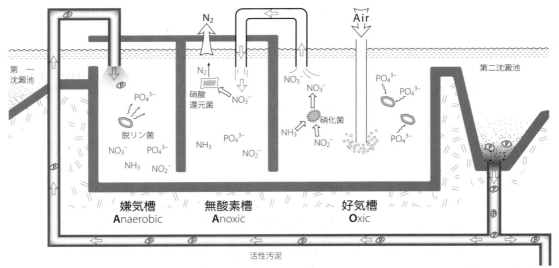

　　A₂O 型の浄化槽は，嫌気槽，無酸素槽，好気槽の 3 つの反応槽と，その前後に計二つの沈澱池を備える。第一の反応槽である嫌気槽には，第二沈澱池から脱リン菌を含む活性汚泥が供給されている。嫌気条件下に置くことで，脱リン菌の菌体外ヘリン酸を一度放出させる。この過程を経ることにより，後のリン酸取り込みの効率が向上する。続く無酸素槽で，硝酸イオンを硝酸還元菌により還元し，窒素分子として除く。好気槽ではアンモニウムイオンを硝酸イオンに酸化し，生じた硝酸イオンを無酸素槽に逆送する。ここでは，リン酸イオンの細菌への取り込みも行う。取り込んだリン分は細菌ごと汚泥として取り除く。全段階を通じて有機化合物は細菌，バクテリアのエサとして分解される。

図 2.2: 活性汚泥式浄化槽（A₂O 型）

　通常，水圏におけるリン存在率は低く[*13]，また，炭素や窒素とは異なり，大気から固定化されて供給されることもないため，多くの水域，特に陸水においてリン濃度が植物プランクトンの増殖の制御因子となっている．生活排水などの流入により水域のリン濃度が過度に増加すると，その増加に従って植物プランクトンが増殖し，最終的には赤潮などの公害を引き起こすことになる．こうしたことから，排水中のリンは規制されるに至り，これを除去する脱リンのプロセスが工夫されてきた．その代表的な例である A₂O 法の概略を図 2.2 に示す．この方法は，3 つの反応槽中で汚水を細菌の働きにより浄化するもので，現在，下水の高度処理などに用いられている．この方法は，リンの除去の他，有機物の分解とリン同様に富栄養化の主要因の一つである窒素分の除去にも有効である．第一沈澱池で固形物を除かれた汚水は，順に嫌気槽，無酸素槽，好気槽の 3 つの反応槽を通過する過程で浄化される．無酸素槽は硝酸還元菌の繁殖に適した条件になっており，この働きにより硝酸イオンや亜硝酸イオンは窒素分子に還元され，水中より除かれる．続く好気槽ではアンモニウムイオンが硝酸イオンに酸化される．生じた硝酸イオンを含む水は無酸素槽に還送される．好気槽ではまた，リン酸イオンが細菌に ATP などの形で取り込まれる．取り込まれたリンは，最終的に細菌（およびその屍骸）ごと汚泥として取り除かれる．この細菌へのリン酸の取り込みの効率は，直前に細菌を嫌気下においてリン酸を放出させることで向上させることができるので，最初の段階に嫌気槽が設けられている．また，全段階を通じて有機化合物は細菌の栄養源として取り込まれ，分解される．この一連の処理により，有機物中の炭素は二酸化炭素，窒素は窒素分子として大気中に放出され，物質循環のサイクルに乗るが，リンは揮発性の化学種に変換さ

[*13] 陸水のリン含有率は平均 0.02 mg/L 程度，海水は平均 0.07 mg/L 程度．

れないので，汚泥中に留まることになる．生じた汚泥は現在主に焼却-埋め立てにより処分されているが，そうした処理にかかる費用や埋め立て場所の確保などが問題となっている．

●● 2.1.4 貴重な資源であるリン ●●

　前項で説明したように，環境保護の観点から言えば排水中にリンが過剰に流入することは好ましくない．だからといって河川中のリンの存在率が低ければ低いほど良いかというと，そうではない．図 2.3 に示したように河川を介するリンの移動は，リン循環において重要な位置を占めており，このリンの流入が河口域の生態系を支えるのに役立っている．リンが生態系にとって重要であることは水圏に限ったことではない．通常，土壌中には比較的多くのリンが含まれているためリン不足が表だって問題になる場面は多くないが，人間が農業を行い，農作物の形でリンを土壌から取り去り続けると，土地が痩せて植物の生育が思わしくなくなる．そのため，一定の場所で継続的に農作を行う際にはリンなどの栄養源を外から人為的に肥料の形で補給する必要がある．現在，肥料に含まれているリンの大部分はリン鉱石を原料とする無機リン酸塩で，これは早晩枯渇すると予想されている．すでにリン鉱石の主要生産国であるアメリカおよび中国[14] などは資源保護をすでに行っており[15]，リン資源の確保が急務となっている．近年，富栄養化対策とリン資源の確保の二つの課題を一度に解決することを目的として，排水もしくは汚泥からリンを回収し，再資源化を行うための研究が行われている．

葦原，干潟の浄化作用

　富栄養化とは，新たに形成された湖沼などの貧栄養状態の水域に河川などから栄養塩が流入することで，その濃度が次第に増大してゆく現象を指す言葉で，本来は水質の汚染とは無関係に定義された言葉であった．このことからも分かるように，富栄養化は非人為的な条件下においても起こる現象で，特に大きな河川からの水が流れ込む湖沼や内湾などには，相当量の栄養塩の流入がみられる場合も珍しくない．しかし，自然状態ではこのような水域においても富栄養化に伴う害が問題になることはそれほどない．これは大抵の場合，このような水域とその周辺には流入する栄養塩を消費し，水を浄化する環境が備わっているためである．近年問題となっている富栄養化に起因する害は，単純に栄養塩の量が増えたということ以外に，葦原や干潟，マングローブ林などを護岸工事や開発のために破壊してしまったことで，天然に備わっていた浄化能力を低減させてしまったことにも原因があると考えられている．有明海では，以前は目立った赤潮の発生がみられなかったが，1985 年以降，特に 1998 年以降には度々赤潮の被害が報告されるようになった．この期間の前後において，湾内に流入する主要な河川の栄養塩濃度にはほとんど変化が見られておらず，この赤潮発生と諫早湾干拓事業との関連が強く示唆されている[a]．近年，干潟や葦原の水質浄化能力が見直されており，これを富栄養化対策に利用する試みも行われ始めている．

[a]宇野木早苗著『有明海の自然と再生』参照

---

[14]2015 年におけるリン鉱石の生産量は世界合計 2.7 億トンで，中国が 51.9%，モロッコおよび西サハラが 12.2%，米国が 10.0% を占める．日本は使用量のほぼ全てを輸入に依存しており，その輸入先は中国，ヨルダン，モロッコ，および南アフリカなどである．U.S. Geological Survey, 2017, Mineral commodity summaries 2019: U.S. Geological Survey, 2020 p. 123, https://doi.org/10.3133/70202434.
[15]アメリカは 1996 年以降リン鉱石の輸出を禁止している．中国は 2008 年以降リン鉱石および化学肥料にかかる関税の引き上げを行っている．

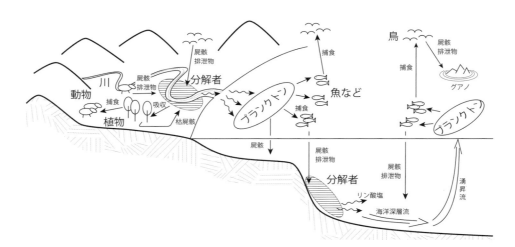

生物圏中でのリンの循環の様子

リンは炭素や窒素とは異なり，自然状態では重い化学種としてのみ存在するので，基本的に高い場所から低い場所へと移動する。そのため，陸上のリンは最終的には川の流れにより海へと流される。河口から流入したリン分は，植物プランクトンなどの栄養となり，浅海域の生態を育む。太陽の光が届かない深海域に到達したリンは分解者により無機塩へと分解された後，殆

ど利用されることなく深海流に乗り地球規模で循環する。深海流は地球の所々で海表面に昇ってくる（湧昇）。この湧昇が起こる領域の海水は，栄養塩が豊富で生物の成育に適すので，多数の生物がこの海域に繁殖する。
深海から浅海への移動が水の対流に大きく依存するのに対し，海から陸へのリンの移動は，海鳥が陸上で糞をしたり，魚が河川を遡上したりすることによっておこる。

図 2.3: 地表におけるリン循環の概略

Section 2.2
実験の原理

●● 2.2.1 紫外可視吸光分析 ●●

　リンの分析法には確立された手法がいくつかあるが，本課題では，吸光分析法で行う[*16]. 紫外–可視分光光度計は，主に溶液中の化学種の電子励起に伴う光の吸収を観測するための装置である. 一般的な紫外–可視分光光度計の概念図を図に示す.
光源から発せられた光は，モノクロメーター[*17]で単色化された後，試料へと導かれる. 試料を透過した光は検出器で検出され，その強度が記録される. 試料に対して照射される光の強度 I_0 と，試料を透過した後の強度 I の比を透過度 T $(T = I/I_0)$ と呼び，透過度を%で表したものを透過率 $(\%T)$ と呼ぶ. 式

[*16]環境基本法の関連法令では，監視する項目の検査方法も定めており，JIS K 0102 工場排水試験方法にまとめられている. 本課題で行う分析も，それに準じたものである.
[*17]様々な波長の光が混ざった光線の集まりから，単一波長の光のみを取り出す装置

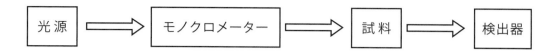

図 2.4: 紫外–可視分光光度計の概念図

2.1 で定義される吸光度 (A) も，吸収の強さを表す値として用いられる．

$$A = \log_{10}(I_0/I) \tag{2.1}$$
$$= -\log_{10}(I/I_0)$$
$$= -\log_{10}T$$

　光の波長に対して吸光度（もしくは透過率）をプロットしたものが紫外–可視吸収スペクトルである．スペクトル上に記録される吸収の位置は，化学種によって一定で，かつ，複数の吸収が観測される場合には，その相対強度比も変わらないため，このスペクトルは試料中の化学種の同定に有用である．また，吸収の強度は次項に示す Lambert–Beer の法則により，化学種の濃度に関連づけできるため，定量にも有用である．

●● 2.2.2 Lambert–Beer の法則 ●●

　ある単一の化学種を溶質とする溶液の，ある波長での吸光度 A に関して，図 2.5 に示す Lambert–Beer の法則が成り立つ．

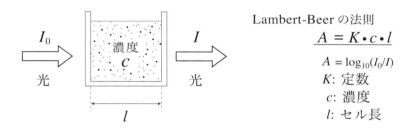

図 2.5: Lambert–Beer の法則

ここで，濃度 c を mol/L で表したときの K を ε で表記し，モル吸光係数と呼ぶ．

●● 2.2.3 モリブデンブルー法 ●●

　水中のリン化合物は，無機態リンと有機態リン[*18]とに大別でき，無機態リンはさらにオルトリン酸態リン（$H_xPO_4^{(3-x)-}, (x = 0 \sim 3)$）とピロリン酸（$[H_x(P_2O_7)]^{(4-x)-}, (x = 0 \sim 4)$），ポリリン酸（$H_x[(PO_3)_nO]^{(n+2-x)-}$）

[*18]有機リン系農薬など人為的に合成されたものと動植物の屍骸や排泄物等に起因する様々な含リン有機化合物（リン酸エステル類等）がある．

などの重合リン酸態（酸加水分解性リン）に細分される（図 2.6）[*19].

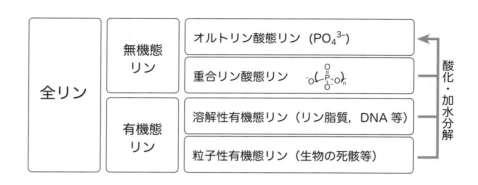

図 2.6: リン化合物の分類

　このうちのオルトリン酸態リンを定量する方法の一つにモリブデンブルー法がある．オルトリン酸イオン（PO_4^{3-}）は，モリブデン酸イオン（MoO_4^{2-}）と反応し，α-ケギン構造を有するヘテロポリ酸イオン（$[PMo_{12}O_{40}]^{3-}$）を形成する（図 2.7）．

$$PO_4^{3-} \quad + \quad 12\,MoO_4^{2-} \quad \xrightarrow[-24\,OH^-]{12\,H_2O} \quad [PMo_{12}O_{40}]^{3-}$$

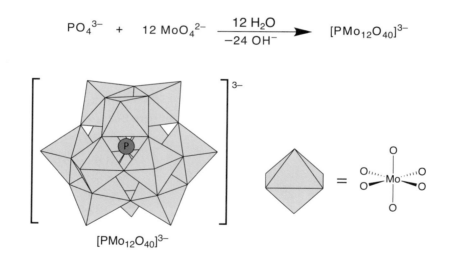

図 2.7: α-ケギン構造を有するヘテロポリ酸（左）とその構成要素，MoO_6 部分構造（右）

このヘテロポリ酸イオンのアンモニウム塩は水にほとんど不溶であるため，これを利用して水溶液中のリンの分離が行える．また，このリンモリブデン酸アンモニウムは，様々な還元性の化合物により容易に還元され，710 nm 付近に小さい吸収極大と 880 nm により大きな吸収極大を有するモリブデンブルー

[*19]重合リン酸は，自然水中にはほとんど存在せず，特に汚濁した水域に合成洗剤や下水処理剤，工場排水等に由来して含まれることがあるのみである．今日の日本では，工場排水は規制されており，また，合成洗剤の無リン化も進んでいることから重合リン酸態リンは考慮しなくても良い水準に落ち着いている．このことから，オルトリン酸態リンだけを測定して無機態リンとみなすこともある．

と呼ばれる濃青色の化学種を生じる（図 2.8）．この化学種の量を，上記の Lambert–Beer の法則を利用して求めることで，リンの定量が行える．なお，この青色はアンチモンが共存する場合により濃く観測され，リンの濃度の低い試料を分析するときに役立つ．

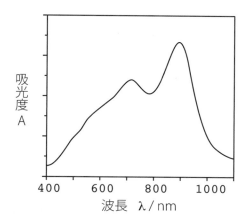

図 2.8: モリブデンブルーの紫外-可視-近赤外スペクトル

本実験では還元剤として L-アスコルビン酸を用いている．L-アスコルビン酸は，ビタミン C として広く一般に知られる化合物で，強い還元力を持つ（図 2.9）．

L-Ascorbic acid
(Vitamine C)

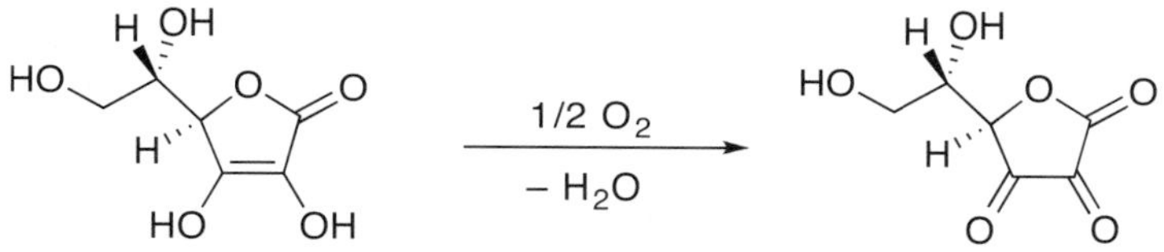

図 2.9: L-アスコルビン酸の構造と反応

●● 2.2.4 全リン分析 ●●

モリブデンブルー法で直接定量できるのは，全リンのうちオルトリン酸態リンのみであるので，その他のリン化合物を分析するためには，酸化剤等を作用させることによる分解処理を施してオルトリン酸に変換してから定量分析を行う必要がある．本課題では，既にペルオキソ二硫酸カリウム（$K_2S_2O_8$）で分解処理した試料を用いて全リン分析を行う．また，オルトリン酸態リンの分析値との比較から有機態リン酸の定量も行う．オルトリン酸態リンの分析値は，採水直後に測定した値が提示してあるので，これを使用すること．

●●　　2.2.5 リンの回収　　●●

　排水中のリンを除く方法として，2.1.3 に挙げた生物濃縮を利用する活性汚泥法の他に，リンを塩化アルミニウムなどと化合させて沈殿させる凝集法，リンをアルミナなどに吸着させる吸着法，粒状のカルシウム剤の表面にヒドロキシアパタイトを生成させる晶析法などが知られている．これらのうち，活性汚泥法，凝集法は沈殿物がリン化合物以外のものを取り込んだスラリー（粥状の懸濁液）となるため，回収したリンの再利用を目的とするにはあまり適していない．これに対し，晶析法および後述するMAP 法は，回収したリンの再資源化が比較的容易に行えると期待できることから，これらの方法を用いたリンの回収プロセスの開発が現在進められている．この課題では MAP 法を用いて液体肥料からリンの回収を試みる．この方法は，アンモニウムイオン存在下，リン酸を含む試料にマグネシウム塩を添加し，リン酸をリン酸マグネシウムアンモニウム（MAP）の結晶として取り出すものである（図 2.10）．この方法により生成する MAP は，植物の大切な栄養素であるリン酸，クロロフィル（葉緑素）の中心金属イオンであるマグネシウムイオンを含み，また，アンモニウムイオンも，細菌による硝化を経ることにより重要な窒素源となるため，得られた MAP をそのまま肥料として利用することも期待できる．

$$PO_4^{3-}\ +\ NH_4^+\ +\ Mg^{2+}\ +\ 6H_2O\ \longrightarrow\ MgNH_4PO_4{\cdot}6H_2O$$

図 2.10: リン酸マグネシウムアンモニウム（MAP）の生成反応

Section 2.3
実験

●●　　2.3.1 実験に用いる試薬　　●●

- イオン交換水
- 1.25 mg/L リン標準溶液（市販の溶液を希釈したもの）
- モリブデン酸アンモニウム–アスコルビン酸混合溶液
- 広瀬川の水（分解処理したもの）
- 液体肥料
- 5% 塩化マグネシウム水溶液
- 飽和塩化アンモニウム水溶液
- 2 mol/L アンモニア水溶液

●● 2.3.2 実験に用いる装置，器具 ●●

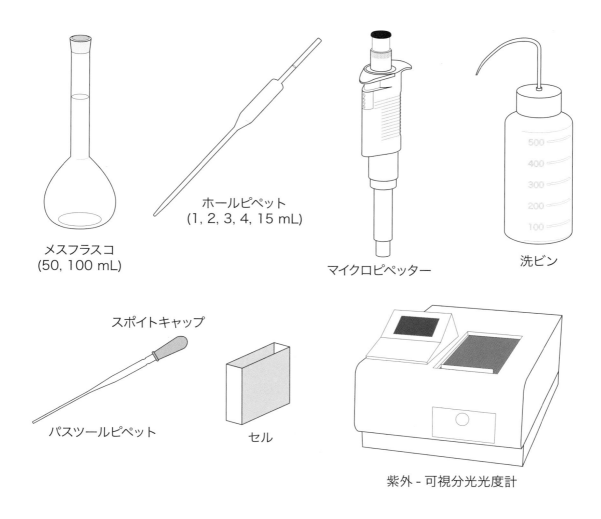

メスフラスコ
(50, 100 mL)

ホールピペット
(1, 2, 3, 4, 15 mL)

マイクロピペッター

洗ビン

スポイトキャップ

パスツールピペット

セル

紫外‐可視分光光度計

図 2.11: 実験に用いる装置，器具

- 三角フラスコ
- 試験管
- 安全ピペッター

●● 2.3.3 本課題で必要になる基本的実験操作 ●●

共洗い

　ある溶液を別の容器に移すのに先立ち，その容器の洗浄を行う方法の一つに共洗いと呼ばれる方法がある．共洗いは，まず，移す先の容器に少量の溶液を移した後，容器を振ったり傾けたりなどして，その溶液が容器内壁の隅々に行き渡るようにして十分に洗浄した後，溶液を捨てるという操作である．この洗浄操作は，移送の前後で濃度が変わって欲しくない場合に有効な方法である．しかし，この方法で

洗浄を行った器具の表面には洗浄に用いた溶液が残留するので，正確な量の溶液を取る場合には不適当である．また，試料の量が限られているような場合にも適当ではない．

ホールピペットの使い方（図 2.12）

1. 安全ピペッターをホールピペットの末尾に取り付ける．この際，ピペットを破損させないよう十分に気をつける．また，あまり深く差し込みすぎないようにも注意する．

2. ピペッターの 1 の部分を押さえながら，真ん中の球の部分を押してへこませる．1 の部分から指を離し，次いで球の部分を離す．

3. ピペットの先端を採りたい溶液につけ，2 の部分を押すとピペット内に溶液が吸い込まれる．2 を押しているときにピペットの先端を溶液の外に出してしまうと，液がピペッターに吸い込まれてしまい，ピペッター内部を汚染することがあるので注意する．溶液の吸引は，2 の部分を押している間続き，2 を押すのをやめると止まる．この状態でピペットを持ち上げても液はピペットから落ちることはない．

4. 液の少量を採って，ピペットを横にして静かにピペッターを外して共洗いし，溶液を捨てる．

5. 2, 3 度共洗いを繰り返した後，溶液をピペットの標線の少し上まで吸い込む．溶液がピペット中ほどにある膨らみを過ぎると，液面の上昇速度が上がり，ピペッター内部にまで達することがあるので，慎重に吸い込む．ピペットの先端が溶液から離れないようにも注意する．

6. ピペッターの 3 の部分を押さえ，メニスカスをピペットの標線に合わせる．この時ピペットが傾斜していると正確な量を量りとることができないので，ピペットを垂直に立てて標線に合わせる．

7. 液を移す先の容器へピペットを移動させる．その際，ピペットはなるべく傾けないように注意する．

8. ピペッターの 3 の部分を押さえ，内部の液を充分吐出させる．液が出なくなったらピペットの先端を容器の内壁につけてピペッターの枝分かれ部分の小さな膨らみを押し，ピペット先端に残った液を出す．

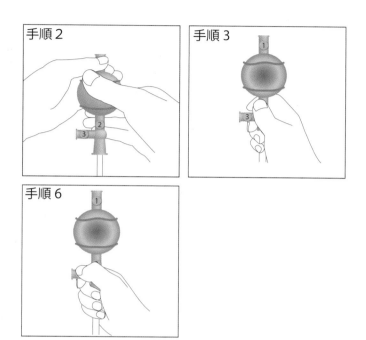

図 2.12: 安全ピペッターの使い方

実験 1 試料水中のリン濃度測定

吸収セルの補正

セルは，同一規格のものを使用してはいるが，個体ごとに若干の吸光度の差があるので，複数のセルを使って測定を行う場合には，まずセルごとの吸収の違いを確認しておき，あとでそれを補正する必要がある．以下の操作に従って，個体差を把握しておく．

1. 使用する全てのセルを確認し，傷や破損がないことを確かめる．セルの内側と外側を流しでよく洗い，イオン交換水でさらに洗浄する．

2. それぞれのセルを見分けることが出来るよう，摺りガラスの面の上方などに目印をつける．また，光の透過方向を一定にすることが出来るよう，矢印などの目印をつけておく．

3. 液高がセル高の 7 割以上となるまでイオン交換水を入れる．測定の前には，必ずセルの窓面から反対側を見通して，汚れがないか，水滴や気泡がついていないかなどを確認する．問題がないことを確認したら，セルをセルホルダーにセットする．

4. 880 nm における各セルごとの透過度，吸光度を記録する．吸光度の数値で ± 0.005 以上異なる場合は，セルを洗浄し直す．それでも変化がない場合は以後の実験に使用してはならない．

検量線の作成

1. 1.25 mg/L リン標準溶液を 1 mL ホールピペットで量りとり，50 mL メスフラスコに移す.

2. メスフラスコにイオン交換水を加えて希釈し，0.025 mg/L リン溶液を調製する.

3. 同様に，リンの標準溶液 2, 3, 4 mL のそれぞれをメスフラスコを用いて正確に希釈して，0.050, 0.075, 0.100 mg/L リン溶液を調製する.

4. 上で調製した溶液のそれぞれ約半量を，洗浄された乾いた三角フラスコに移す. さらにここから別の乾いた三角フラスコにホールピペットを用いて，15 mL 量りとる. 同じようにイオン交換水 15 mL を三角フラスコに用意する.

5. イオン交換水および 0.025, 0.050, 0.075, 0.100 mg/L リン溶液 15 mL を入れた 5 つの三角フラスコそれぞれに，モリブデン酸アンモニウム-アスコルビン酸混合溶液 1.2 mL をマイクロピペット[20]を用いて加える.

6. それぞれの溶液をよく混合して，室温で約 15 分放置する.

7. 上で調製した溶液の少量を用いてセル内部を 2, 3 回共洗いした後，溶液をセル高の 7 割以上になるように入れてセルホルダーにセットし，分光光度計で透過率 (%T)，吸光度 (A) を測定し，光の透過量を確認しておく.

8. 測定した吸光度をリン濃度に対してグラフ用紙にプロットし，検量線を作成する.

広瀬川の水の分析

1. 4 つの三角フラスコそれぞれに，4 地点から採取して分解処理を施した広瀬川の水の試料溶液をとり，別の乾いた三角フラスコにホールピペットを用いて，15 mL 量りとる.

2. 4 つの試料溶液それぞれ 15 mL を含む三角フラスコに，モリブデン酸アンモニウム - アスコルビン酸混合溶液 1.2 mL をマイクロピペットを用いて加え，混合した後，約 15 分間放置して発色させる.

3. 上で調製した溶液の少量を用いてセル内部を 2, 3 回共洗いした後，溶液をセル高の 7 割以上になるように入れてセルホルダーにセットし，分光光度計で透過率 (%T)，吸光度 (A) を測定する.

試料溶液からのリンの回収

1. 2 本の試験管にピペッターで液体肥料をそれぞれ 1 mL ずつ取る.

2. その片方に塩化マグネシウム水溶液，塩化アンモニウム水溶液，アンモニア水溶液を各 1 mL ずつ加え，よく混ぜる.

3. 生じた MAP の沈殿が十分沈降するまで，数分間静置する.

4. もう片方の試験管にはイオン交換水 3 mL を加え，よく混ぜる.

---

[20]マイクロピペットの使用法については課題 14 参照のこと.

5. MAP を生じた試験管について，沈殿が完全に試験管の底に沈んだら，その上澄みを 100 mL メスフラスコにマイクロピペッターで 100 μL とり，イオン交換水を標線まで加えて希釈する．

6. 液体肥料をイオン交換水で薄めた試料も同様に，100 mL メスフラスコに 100 μL とって希釈する．

7. 希釈したそれぞれの溶液の適量を，乾いた三角フラスコに移す．ここからホールピペットで 15 mL を別の三角フラスコに量りとり，モリブデン酸アンモニウム - アスコルビン酸混合溶液 1.2 mL をマイクロピペットを用いて加え，混合した後，約 15 分間放置して発色させる．

8. 分光光度計を用いて両者の透過率，吸光度を測定する．

●● 2.3.4 レポートのまとめ方 ●●

レポートは**基本事項**，レポートに関しての項に挙げた形式に則ったものとする．

1. 実験の目的
   なぜ，リンの濃度を測定する必要があるのか，MAP 法を評価する必要があるのかを簡潔に説明する．

2. 実験の原理
   問題 1 を参照すること．

3. 実験方法
   ノートを見ながら，自分の行った実験を簡潔にまとめて記述する．箇条書きは実験項には相応しくないので，箇条書きを使わないと冗長になりすぎる場合以外は避ける．テキストの丸写しとしないこと．実験で使用した試料などについても記す．本課題で行っている実験は，定量実験であるから用いた試料や，試薬の量が重要であることは言うまでもないが，その試料や試薬をどのような器具を使用して量りとったのかも重要であるので，これらも忘れずに記載すること[21].

4. 結果
   実験を行って求めた値全てについて，生データを記載すると共に，以下をまとめてレポートに記すこと．

   - 検量線のグラフ．回帰線[22]を求めた場合には，その式．

   - 検量線を使用して求めた，広瀬川流域各地点で採水した水の全リン濃度．この課題で配布している試料水は，薬液を加えて分解処理を施したものであるため，検量線から直接求まる濃度は本来の値より低くなる．これを補正して元の試料におけるリンの濃度を求める．

   - 原水が加水分解性リンを含まないものと仮定して，上で求めた全リン濃度と，提示されているオルトリン酸態リン濃度から，有機態リンとして存在していたリン濃度を求める．

   - 液体肥料に含まれていたリンの濃度と，MAP 法を適用して回収されたリンの回収率[23].

---

[21] メスフラスコ，メスピペットなどガラス体積計の公差が，JIS R3504 および JIS R3505 で規定されている．JIS 検定品を正しく使用すれば，量りとった体積の誤差は JIS で規定された範囲内に収まるはずである．そのため，使用した器具を記載することは，求めた値がどの程度の誤差を持ち得るのかを示す重要な情報になる．

[22] 付録 A の Section A.5 参照．

[23] 実験で測定した溶液は，大幅に薄めていることに留意せよ．リンの回収については，実際に回収操作を行ってはいないが，濾過することにより容易に結晶が回収できるため，MAP に取り込まれたリンの全量を回収量として算出して構わない．

結果は，値のみを書くのではなく，その結果がどういうものであるかも記すこと．例えば，「一定であった」，「上昇傾向にあった」，「比例している」，「○○の場合最も高い値が出た」などである．

5. 問題に対しての答え

6. 考察

- 作製した検量線のグラフから，測定により得られたデータの精度について，コメントせよ．

- 以下に示した値を参考にして，リン濃度の測定を通して感じた広瀬川の汚染度合いについて記せ．**日本の主な湖沼，海域における全リン濃度**（mg/L, 平成 29 年度調査）[*24]
  琵琶湖：0.007（琵琶湖大橋北），0.014（琵琶湖大橋南），霞ヶ浦：0.093，サロマ湖：0.030，猪苗代湖：0.003，中海：0.054，屈斜路湖：0.004，宍道湖：0.056，支笏湖：0.003，洞爺湖：0.003，浜名湖（湖心）：0.026 陸奥湾：0.009，釜石湾：0.013，女川湾：0.015，松島湾（中央部）：0.032，東京湾：0.064（千葉港），0.052（神奈川），敦賀湾：0.013，三河湾：0.075，大阪湾：0.050，博多湾（東部）：0.038，有明海（筑後川河口近辺）：0.066

- 仙台市における下水道の普及率は平成 26 年 4 月現在 98.0%で，生活排水は広瀬川にはほぼ流入しないと考えて良い．それでは，下流域でリン濃度の増加が見られるのはなぜか考察せよ．

- 今回測定を行った四つの地点における無機態リン，有機態リンの値から，推察できることを記せ．

7. 結論

Section 2.4

問題

●● 2.4.1 問題 1 ●●

以下の視点から，実験の原理をまとめる．

- 広瀬川の河川水の全リン濃度をどのようにして求めるのか，それを論理立てて説明する．

- MAP 法については，どのようにして MAP 法の有効性を検証するのか，それを説明する．

いずれも，教科書に解説されている吸光分析，Lambert–Beer の法則などについて内容を詳しく説明する必要はなく，これらをどのように活用して，実験を組み立てているかを記す．

●● 2.4.2 問題 2 ●●

今回，測定を行った牛越橋のリン濃度と，各自にとって馴染みのある水系におけるリン濃度調査の結果の比較を行い，選んだ水系の環境を基準として，広瀬川の環境について議論すること．なお，牛越橋と比較した水系のリン濃度については出典を明らかにすること．

[*24]環境省より (http://www.env.go.jp/water/suiiki/)．

Section 2.5

参考

水質汚濁に係る環境基準

(昭和46年12月28日環境庁告示第59号 最終改正：平成26年11月17日環境省告示第126号)

生活環境の保全に関する環境基準

河川, ア

類型	利用目的の適応性	pH	BOD[a] (mg/L)	SS[b] (mg/L)	DO[c] (mg/L)	大腸菌群数 (MPN/100 mL)
AA	・水道1級 ・自然環境保全 　及びA以下の欄に掲げるもの	6.5～8.5	≤ 1	≤ 25	≥ 7.5	≤ 50
A	・水道2級 ・水産1級 ・水浴 　及びB以下の欄に掲げるもの	6.5～8.5	≤ 2	≤ 25	≥ 7.5	≤ 1000
B	・水道3級 ・水産2級 　及びC以下の欄に掲げるもの	6.5～8.5	≤ 3	≤ 25	≥ 5	≤ 5000
C	・水産3級 ・工業用水1級 　及びD以下の欄に掲げるもの	6.5～8.5	≤ 5	≤ 50	≥ 5	–
D	・工業用水2級 ・農業用水 　及びEの欄に掲げるもの	6.0～8.5	≤ 8	≤ 100	≥ 2	–
E	・工業用水3級 ・環境保全	6.0～8.5	≤ 10	–[d]	≥ 2	–

a. 生物学的酸素要求量, b. 浮遊物質量, c. 溶存酸素量, d. ごみ等の浮遊が認められないこと

(注)

　自然環境保全: 自然探勝等の環境保全
　環境保全: 国民の日常生活(沿岸の遊歩等を含む。)において不快感を生じない限度

　水道1級: ろ過等による簡易な浄水操作を行うもの
　水道2級: 沈殿ろ過等による通常の浄水操作を行うもの
　水道3級: 前処理等を伴う高度の浄水操作を行うもの

　水産1級: ヤマメ、イワナ等貧腐水性水域の水産生物用並びに水産2級及び水産3級の水産生物用
　水産2級: サケ科魚類及びアユ等貧腐水性水域の水産生物用及び水産3級の水産生物用
　水産3級: コイ、フナ等、β－中腐水性水域の水産生物用

　工業用水1級: 沈殿等による通常の浄水操作を行うもの
　工業用水2級: 薬品注入等による高度の浄水操作を行うもの
　工業用水3級: 特殊の浄水操作を行うもの

湖沼, ア

類型	利用目的の適応性	pH	BOD (mg/L)	SS (mg/L)	DO (mg/L)	大腸菌群数 (MPN/100 mL)
AA	・水道1級, 水産1級 ・自然環境保全 　及びA以下の欄に掲げるもの	6.5～8.5	≦1	≦1	≧7.5	≦50
A	・水道2、3級 ・水産2級 ・水浴 　及びB以下の欄に掲げるもの	6.5～8.5	≦3	≦5	≧7.5	≦1000
B	・水産3級 ・工業用水1級 ・農業用水 　及びCの欄に掲げるもの	6.5～8.5	≦5	≦15	≧5	－
C	・工業用水2級 ・環境保全	6.0～8.5	≦8	－^a	≧2	－

a.ごみ等の浮遊が認められないこと

湖沼, イ

類型	利用目的の適応性	全窒素 (mg/L)	全リン (mg/L)
I	・自然環境保全及び 　II以下の欄に掲げるもの	≦0.1	≦0.005
II	・水道1、2、3級(特殊なものを除く。) ・水産1種 　水浴及びIII以下の欄に掲げるもの	≦0.2	≦0.01
III	・水道3級(特殊なもの)及び 　IV以下の欄に掲げるもの	≦0.4	≦0.03
IV	・水産2種及びVの欄に掲げるもの	≦0.6	≦0.05
V	・水産3種 ・工業用水 ・農業用水 ・環境保全	≦1	≦0.1^a

a.農業用水については適用しない

課題3

重力加速度の測定を通してみた地球

Section 3.1
はじめに

　リンゴが木から落ちるのを観察して，ニュートンが万有引力の法則を思いついた話は有名である．質量を持つものはお互い，まるで恋人どうしが寄り添うように，引き付けあう力が働くのである．サクラの花びらがひらひら散るのも，熟した柿が落ちるのも，体重の増減に一喜一憂するのも，人工衛星ひまわりが地球の周りをはなれずにいるのも，ブラックホールに星が飲み込まれていくのも，重力（万有引力）が支配する世界の出来事である．地球上にある物体の場合，強く引っ張りあう相手は地球そのもので，その引力の方向はおおよそ地球の中心に向かう．ある地点で物体に働く重力はその質量に比例し，その物体が自由落下するときの加速度は質量によらないので，重力を表現するために重力加速度（g）をもちいる．ただし地球は自転をしていて，地球の自転軸に直角外向きの遠心力が働くため，測定される重力加速度はほぼ地球からの引力と遠心力との合力になる（図 3.1）．

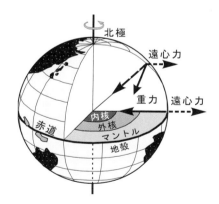

図 3.1: 地球の層構造: 重力加速度は地球内部の主として，金属核（内核・外核）からの引力と地球の自転による遠心力とのバランスで決まる．また，地球は図のように層構造を呈していて，中心部分から，固体金属の内核，液体金属の外核，柔らかな岩石からなるマントルと，硬い岩石からなる地殻によって構成されている．

　高度 36,000 km 上空で地球の周りを一日一回まわり続けている衛星は，遠心力と地球からの引力とがつりあった位置に存在しており，静止しているのである．万有引力の法則から，重力加速度は地球中心からの距離の 2 乗に反比例するので，高い山に行けば重力加速度は小さくなる．したがって，地球上の重力加速度は測定場所（緯度や高さ）によって値が違いうるのである．

　地球は層状構造をしていて，その最深部に密度の高い金属 (内核・外核)[*1]が存在し，その周りを高温で柔らかくなった岩石 (マントル)[*2]が取り巻いている．さらに地球表層部は卵の殻のように岩石 (地殻)[*3]がその周りを取り囲み，その上で生命が育まれている．地球上の重力加速度の値が "ほぼ"9.8 m/s^2 であることは，地球を構成する物質のうち，主として密度の高い金属核によって決まっている．しかし重力加速度を実測すると，上に述べた，地球の遠心力，測定場所の高さに加え，局所的な地殻の構造（密度変化）から影響を受け，場所により異なる値を示す．逆に，この特性を用いてわれわれが直接覗くことができない地球内部の密度構造を推定することができる．この課題では，仙台における重力加速度を実際に測定してみて，東北大学川内北キャンパス学生実験棟の地下の密度について考察することを目的としている．

[*1]金属核の平均密度は $10.0 \times 10^3 \sim 14.0 \times 10^3$ kg/m^3
[*2]マントルの平均密度は $3.3 \times 10^3 \sim 5.8 \times 10^3$ kg/m^3
[*3]地殻の平均密度は約 2.65×10^3 kg/m^3

Section 3.2
原理

図 3.2: 日本付近の重力加速度異常図：数字（単位は 10^{-5} m/s^2）の正負が重力加速度異常の正負に対応し，その後の数字がその大きさである．一般にマントルの物質は地殻の岩石よりも密度が大きいことから，地殻の薄いところではマントル物質の影響を受け，補正後の重力加速度の異常は正になる．逆に地殻の厚いところでは負になる．

　地球表面はヒマラヤ山脈のような高い山もあれば，日本海溝[*4]のような深い海もあって，大変複雑な形をしており，高さを定義するための基準面が必要である．一体どのように高さの基準面は決められているのだろう？この高さの基準面として，海水面を長期間平均して得られる平均海水面を仮想的に陸地にも延長して地球表面全体を滑らかに覆った曲面，ジオイド[*5]を採用し，このジオイド面からの高さによって高度が表現されている．また，このジオイド面をもっともよく近似する回転楕円体を考えたとき，

[*4]日本列島太平洋岸沖に南北に延びる水深 6000 m 以上のくぼみ地形で，海洋プレートが沈み込んでいる場所である．
[*5]ジオイド：章末の参考 1 を参照

その楕円体の各緯度での計算された重力加速度の値を正規重力[*6]といい，各緯度での標準的な重力加速度を定義する．重力加速度を測定し，正規重力と比較する場合には，注意が必要である．測定された重力加速度はジオイド面とは異なる有限の高度での測定値であるため，地表面とジオイド面との間にある物体・空間の影響を取り除く補正作業が必要である（重力の補正[*7]）．その補正後にもかかわらず，正規重力との間に差が生じる場合，その差を重力異常と呼ぶ．この差は測定地点より内層の地球物質密度の指標であり，地球内部の密度構造の推定に用いられる．図 3.2 に日本付近の重力加速度異常図を示す．この図は正規重力との差を等高線で表現したものであり，灰色の部分は重力異常が負の部分である．

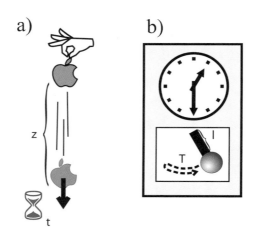

図 3.3: さまざまな重力加速度測定法の概念: a) 物体の落下距離と，時間の関係から推定する方法．b) 振り子の周期から推定する方法．

　重力加速度を測定するには，落体の加速度を直接観察する方法や，振り子の周期から重力加速度を求める方法がある（図 3.3）．これらの方法では，重力加速度の小数点以下 5 桁目の分解能で重力加速度の違いを検出できる．最近では，超伝導現象を利用した超伝導重力計が開発され，15 桁目の分解能でその違いを検出できるようになってきている．本実験では，重力加速度を測定するために，図 3.4 のようなケーターによって改良された可逆振り子（ケーター振り子）と呼ばれる振り子を使う．
　ケーター振り子は，図 3.4 のように支点 S と S' があり，おもり A が下の状態（順方向と呼ぶ）とおもり A が上の状態（逆方向と呼ぶ）に下げた時の周期が測定できるようになった剛体振り子である．剛体振り子を使って重力加速度を求めるには一般に振り子の慣性モーメントを知る必要があるが，ケーター振り子の実験ではその必要がない．これは，剛体振り子を順方向と逆方向に振らせた時の周期がわかれば，慣性モーメントによらない次のような関係式が成り立つことを利用するからである[*8]．

[*6]正規重力：章末の参考 2 を参照
[*7]重力の補正：章末の参考 3 を参照
[*8]章末の 3.5.4 参考 4：ケーター振り子の理論的考察を参照．

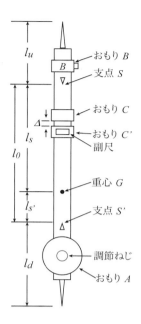

図 3.4: ケーター振り子

計算式

ケーター振り子の支点 $S(S')$ と重心の距離を $l_S(l_{S'})$，支点間の距離を $l_0(= l_S + l_{S'})$，振り子の順方向（逆方向）の周期を $T_d(T_u)$，重力加速度を g とすると，振り子の振れ角 α（ラジアン）が十分小さい時に

$$\frac{(2\pi)^2}{g} = \Big[\frac{T_d^2 + T_u^2}{2l_0} + \frac{T_d^2 - T_u^2}{2(l_S - l_{S'})}\Big]\Big(1 - \frac{1}{8}\alpha^2 + O(\alpha^4)\Big) \tag{3.1}$$

重心 (l_S の値) を正確に求めるのは難しいが，順方向と逆方向に下げた時の周期が等しくなるような状況では，関係 (3.1) から $l_S - l_{S'}$ を含む項が落ちて

$$g = \frac{(2\pi)^2 l}{T^2}\Big(1 + \frac{1}{8}\alpha^2\Big) \qquad (T = T_d = T_u) \tag{3.2}$$

と書き換えられる．ここで，支点間の距離 l は，式 3.3 により，l_0 と当日の室温から求めることができる．また，周期 T はおもり $C - C'$ の位置を上下させることで変わり，比較的簡単によい精度で測定できるので，この関係を用いると非常に高い精度で重力加速度を測定できる．

本実験では，$T_d = T_u$ となる条件を実験的に見いだし，その交点座標と理論式から学生実験棟での重力加速度の絶対値を求める．

Section 3.3
実験

●● 3.3.1 実験装置 ●●

　本実験で使う装置は，ケーター振り子および光電スイッチ付きストップウォッチである．各部名称等は，図を参照せよ．ケーター振り子は，図 3.4 のように可動なおもり A, B, C-C′ があり，それらの位置を適当に調整することにより順方向と逆方向に下げた時の周期が等しくできるように設計されている．ただし，本実験ではおもり A と B の位置はあらかじめ調整してあるので，周期を変えるのに動かすのは C – C′ のみである．**A，B は決して動かさないこと．**

　注意）本実験では，支点間の距離 l_0 （正確には，エッジ間の距離）の実測は行わない．l_0 はマイクロメーターにより測定し，その測定値と誤差および測定時の温度が各装置毎に与えてあるのでその値と振り子の熱膨張率 θ （ただし，$\theta = 0.000019\ \mathrm{deg}^{-1}$ とする）及び当日の実験室の温度 $T_R(℃)$ から l を求める．

$$l = l_0(1 + (T_R - 15)\theta) \tag{3.3}$$

●● 3.3.2 振り子とその振らせ方 ●●

　振り子は，支点のエッジが壁に据え付けてある台の滑らかな面にまたがるように下げる．振り子を振らせても，台に他の部分が接触しないように滑らかな面のほぼ真ん中に置く．この時，エッジが台などとぶつかって欠けることの無いように慎重におこなう．振り子は，光電スイッチの光源とセンサーの間を通過する．**振り子の前後の揺れ**をできるだけ小さくするように注意して振らせる．

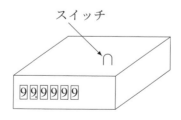

図 3.5　ストップウォッチ

●● 3.3.3 ストップウォッチの使い方 ●●

　ストップウォッチは，100 μsec ($\frac{1}{10000}$ 秒) 単位で測定できるデジタル式時計で最大 99.9999 sec まで表示できる (図 3.5)．時計自身の誤差は無視して考えてよい．

　ストップウォッチのスタート・ストップは，装置につながっている光電スイッチにより行われる．時計本体にあるボタン式スイッチを押すとリセットされ，スイッチを離すと次に振り子が光電スイッチを横切った時スタートする．時計は 10 周期後に自動的にストップするように設定されている．測定された 10 周期分の時間を 1/10 にすることで，10 μsec（1/100000 秒）単位で周期が求められる．

●● **3.3.4 光電スイッチの設置** ●●

光電スイッチは，発光ダイオードの（赤外）光源とセンサーからなり，その間を振り子が通過して光が遮られたり当たったりすることで，スイッチのオン・オフが繰り返される (図 3.6). ストップウォッチはその回数と時間を計測している．光電スイッチを設置する時は，振り子の剣先部分の高さが順方向と逆方向で異なるので注意を要する．測定を速やかに行うため，センサーの高さは，振り子を**順方向に下げた状態で**スタンドを**台座 I に置いて**調整し，**逆方向の時は台座 I と II の両方を重ねて調整する**.

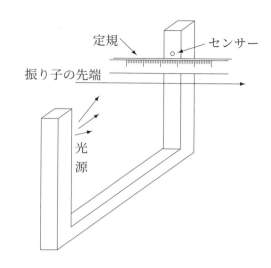

定規 センサー
振り子の先端
光源

図 3.6　光電スイッチ

──（全般的注意）──

- ふりこの振れ幅は 片側 3.0 cm(±1 mm が望ましい) とすること.

- 周期の測定は，1 回の測定について振り子を止めずに連続して 5 回おこない，その平均値を測定値とする.

- データはすべて各自がその都度ノートに記録する（まとめて後で書き写すことはしないこと）.

- ふりこを逆方向（または順方向）に設置する前に，TA または教員に許可を取ること.

- $C-C'$ の副尺の読みは，77 cm, 79 cm, 81 cm, 83 cm, 85 cm を使う（後述）.

実験 1 予備実験：$T_d = T_u$ となる交点の予測 A

目的　予備実験では，$T_d = T_u$ となる，おもり $C-C'$ のおよその位置を予測するための実験を行う.

手順概略

1. T_d の値について，おもり $C-C'$ の副尺の読みが，77 cm の場合と，85 cm の場合のそれぞれで求める.

2. T_u の値について，同様に，おもり $C-C'$ の副尺の読みが，77 cm の場合と，85 cm の場合のそれぞれで求める.

3. グラフを描く．縦軸を「振り子の周期」，横軸を「$C-C'$の位置」とする．測定したT_dとT_uの値（各2点ずつ）をグラフにプロットし，T_dとT_uのそれぞれの値を結ぶ直線を定規で描き，$T_d = T_u$となるTを目測で読み取る（以下，「交点予測 A」と呼ぶ）．図 3.7 を参照せよ．

4. 「交点予測 A」の読み取り値をノートに記録する．

実験 2　$T_d = T_u$ となる交点の予測 B

目的　実験 1 によって，およその交点の予測値 A が得られた．次に，交点の予測精度を高めるため，おもり$C-C'$の副尺の読みが 79 cm, 81 cm, 83 cm のそれぞれの場合におけるT_dとT_uをそれぞれ追加して計測して，$T_d = T_u$となる交点をより精度よく求めてみる．

手順概略

1. 逆方向について，$C-C'$の副尺の読みが，79 cm, 81 cm, 83 cm の場合の周期をそれぞれ測定する．各$C-C'$の測定結果を「実験 1　予備実験」で作ったグラフにプロットする．もし全体の変化傾向から外れる点があったら，測定の不備が疑われるのでその点は測り直す．その際，$C-C'$の位置が正しいか，振り子が正しくセットされているかなどを確認すること

2. 順方向について，同様に$C-C'$の副尺の読みが，79 cm, 81 cm, 83 cm の場合の周期をそれぞれ測定し，同じグラフ用紙にプロットする．

3. 実験中に配布される「データ報告用紙」に，必要事項を記入して，TA に最小二乗法の計算を依頼する（問題 1-1 参照）．

4. 同じグラフ用紙上に，既に描いた直線を消さずに，新たに測定した結果を合わせた 5 点に対する新しい直線をT_d, T_uとも定規で描き，新たに目測で交点を予測する（「交点予測 B」とよぶ）．

5. 交点予測 B をノートに記録する．グラフは，実験 1 と実験 2 の区別がつくように工夫すること．

実験2測定記録例   （表中の   d= 順方向 (down) u= 逆方向 (up)）

測定	C-C' の位置 (cm)	回数	周期 (sec)
1	d77.0	1	2.00468
		2	2.00471
		3	2.00469
		4	2.00470
		5	2.00467
		平均	2.00469
2	d79.0	1	2.00560
		2	2.00545
		3	2.00552
		:	:
		平均	2.00552
3	d81.0	1	1.79956×
		2	2.00650
		3	2.00654
		4	2.00652
		:	:
		平均	2.00652
	:	:	:

測定	C-C' の位置 (cm)	回数	周期 (sec)
1	u85.0	1	2.00976
		2	2.00971
		3	2.00974
	:	:	:
		平均	2.00974
2	u83.0	1	1.52235×
		2	2.00721
		3	1.90720
		4	1.90722
	:	:	:
		平均	2.00721
3	u81.0	1	2.00444
	:	:	:
		:	:

実験中の注意

- l_0 を補正するのに必要なので，当日の室温をノートに記録する．

- データ報告用紙は退出前に回収するので，TA が求めた最小二乗法の式（順方向，逆方向）をノートに書き写すこと（すべての桁をそのまま書き写すこと）．

- グラフの縦軸は，グラフ用紙に 2 cm = 0.001 秒で描くこと．縦軸の最小値と最大値は，実験1の逆方向の結果から各自判断せよ．

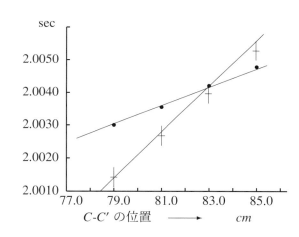

図 3.7   実験2の交点測定のグラフ例

◆◆　レポートに最低限必要な項目・事項　◆◆

　レポート作成に際し，テキスト p. 7 の「レポートに関して」を参考にすること．この課題では以下の指針も参考にする．

目的

- 重力加速度を測ることで何を知ろうとするのかを述べる．

原理

- ケーター振り子で重力加速度が測定できる原理に力点を置く．

- 式を使うので，そのパラメータが何を示すのかわかるような図も含める．

方法

- 実験 1 と 2 を行なう目的に触れながら書く．

- 振り子の各寸法（単位に注意），使用した振り子の番号，実験日の室温は，「方法」のなかの「実験条件」にあたる．必ず記述すること．

結果

- 実験データとして，以下の情報を提示すること．

  1. 実験 1，実験 2 で測定したすべてのデータ（平均値も含む）．データは 1 周期に直したものを示すこと．

  2. 実験 1 と 2 で作成したグラフ（グラフ用紙に手書き．縦・横軸の項目と単位も忘れない．グラフの直線は定規で引く）．一つのグラフに，$C - C'$ が 77, 79, 81, 83, 85 cm の場合の T_d, T_u の値をプロットする．

  3. 「実験 2　交点の予測 B」のデータを元に TA が算出した順・逆方向の最小二乗法の式．なお，自分自身で再計算してもよい（データ・式ともに小数点第 5 位までで行う事）．

  4. 交点予測 A，交点予測 B の値．

- 実験中に気づいた点も含めて記載すると良い．

考察

- この課題では，問題を解答することで考察の流れが理解できるようになっているので，Section 3.4 の「問題 1」,「問題 2」,「問題 3」のすべてに解答すること．この順番で，記述すること．

- ここでは解答に至る過程の妥当性を評価する．計算する問題については，第三者が検証できるように計算過程を明記すること．

- 単に計算するのではなく，計算結果から「何が言えるのか」を解説すること．

- 単位変換などは細心の注意を払うこと．随所で単位をふること．

- 実験条件，結果，考察の過程で気がついた事を書きたい場合，「考察」のなかに別途「実験全般に関する考察」と小見出しをつけ，そこで述べる．かならず「根拠となるデータ」などを引用しつつ「論拠」を明示しながら書くこと．

結論

- 何を知るためにこの実験を行ったのか，原理や方法にも簡単に触れ，得られた結果と考察（問題1~3）によってわかったことを簡潔にまとめる．

Section 3.4
問題

●● 3.4.1 問題 1 ●●

この設問では，予測精度の高い重力加速度を求めるために必要なことを学び，誤差を理解する．

1. 重力加速度を測定するのに必要な $T_d = T_u$ を知るために，予備実験（実験 1）で交点があること
を確かめ（交点予測 A），本実験（実験 2）で交点の予測精度を高めた（交点予測 B）．しかし，
これらの交点はいずれも目測で読み取った $T_d = T_u$ の値であり，「結果の再現性」で不安が残る．
そこで，最小二乗法で計算した直線近似式（実験ノートに記載済み）を連立し，交点の座標を求
めよ（「交点予測 C」と呼ぶ）．座標のうち，$T_d = T_u$ となる T の値は，小数点第 5 位まで書くこ
と．また，計算過程を書くこと．直線近似式の求め方については，付録 A.5「間接測定（最小二
乗法による関数のあてはめ）」（p. 149）を参照．

2. 「交点予測 C」が正しく計算されているとした場合，「交点予測 A」,「交点予測 B」はどれくらい
誤差があるのだろうか？「交点予測 C」と「交点予測 A」,「交点予測 B」の差をそれぞれ計算し，
その値に基づいてズレを評価せよ．なお，交点予測 B は，$C - C'$ が 77, 79, 81, 83, 85 cm の場合
の T_d, T_u の値を用いて求めること．

3. 交点予測 C が正しく計算されているとして，式（3.2）に交点予測 C の T の値を代入して，重力
加速度 $g(\,\mathrm{m/s^2})$ の最確値を計算せよ．計算過程を示すとともに，g は小数点第 4 位まで記せ．な
お，$\pi = 3.1415$ とする．（本来は，有効数字を考える必要がある（付録 A.2 有効数字，p. 143））．

4. 測定にはいくつかの誤差が考えられる．過去の調査から東北大学でもちいている実験装置では，
支点間の距離 l_0 の測定誤差がもっとも影響を与えることが分かっている．そこで，ふりこの支点
間の距離 l_0 の測定誤差分による重力加速度の最小値 $g(-)$ と最大値 $g(+)$ を求め，次のような形式
で重力加速度とその誤差を表せ（単位も明記）．計算過程も簡潔に示せ．誤差に関して，付録 A.3
誤差，A.4 誤算の伝播（p. 144~146）と Section 3.5 参考 5，6，7 を参照せよ．

$$g = 9.8003 \pm 0.0002 \ \mathrm{m/s^2} \tag{3.4}$$

この式は，真の重力加速度は，$9.8001 \ \mathrm{m/s^2} \sim 9.8005 \ \mathrm{m/s^2}$ の間にある，という意味と同等である．

5. 「結果の再現性」を重視して，交点予測 C で重力加速度を求めた．交点予測 A や交点予測 B に
もとづく T の値は利用出来ないほど誤差が伝播するのだろうか？交点予測 A と交点予測 B のそ
れぞれについて，重力加速度の最確値をもとめよ（問題 1 - 3 と同じように計算する）．その値が，
問題 1 - 4 （一つ前の小問のこと）でもとめた誤差の範囲に収まるかどうか，差を計算して定量的
に記述せよ．「誤差の伝播」を詳しく知りたい人は付録 A.4（p. 146）を参照．

●● 3.4.2 問題2 ●●

この設問では，測定値と正規重力値とを比較するための事前準備として，測定値に補正を施し，補正する意義を学ぶ.

重力は地下の密度だけでなく，標高（万有引力の法則で考えると，物体間の距離に相当する）によっても変化する. そのため標高を統一して比べないと，地下の密度を議論できない. そこで海抜 0 m（ジオイド面）で期待される平均的な重力値（これが正規重力で，緯度だけから計算で求められる）と比較を行う. 東北大学自然科学総合実験棟の緯度は北緯 38 度 15 分 37 秒なので，Section 3.5 の参考2から正規重力値 (g_N) は 9.80016 m/s^2 である. 正規重力値と比較するために，井戸を掘って海抜 0 m で重力測定できればよいのだが，それは無理なので，本実験で得られた重力加速度に2種類の補正を施してジオイド面上での値を得る必要がある（Section 3.5 の参考3を参照）. 正規重力値と，標高による重力加速度の変化を補正した値に差が生じるとき，その差を「重力異常値 (Δg)」と呼ぶ. この差は，測定地点近傍の地下の密度分布を反映している. 重力異常値を求めるための考え方の流れを追ってみよう.

1. 測定値は標高 $h = 67.8$ m の丘の上での値である. まず，重力加速度の測定値 (g) に，高度により減少した分を足すため，1 m 当たり 3.086×10^{-6} m/s^2 加味する補正値（g_f:フリーエア補正）を次式（$g_f = 3.086 \times 10^{-6}h$）より求めよ. つぎに海抜 0 m と測定地点の間に存在する岩石からの引力を差し引くため，その値をブーゲー補正（$g_B = 2\pi G \rho h$）により求めよ. 地殻の平均密度 $\rho = 2.650 \times 10^3$ kg/m^3 と万有引力定数 $G = 6.672 \times 10^{-11}$ m^{3}kg^{-1}s^{-2} を用いよ. それぞれの単位も書くこと.

2. 正規重力値 (g_N) と上記2つの補正 (g_f, g_B) の大きさから重力異常値を次式より計算せよ.

$$\Delta g = (g + g_f - g_B) - g_N \tag{3.5}$$

●● 3.4.3 問題3 ●●

この設問では,「誤差」と「有意差」の違いを学ぶ.

1. 問題 2-2 で得た重力異常値が有意と判断するためには，その絶対値が問題 1-4 で検討した「誤差」より大きいことを確かめる必要がある. そこで，問題 2-2 で求めた重力異常値と，問題 1-4 で計算した式（3.4）の誤差とを比較し，定量的に記述せよ. そのうえで，有意な重力異常値が得られているか，理由を明示しつつ論ぜよ.

2. 有意な重力異常値が得られている場合，重力異常を議論することが可能である. 議論可能な場合，自然科学総合実験棟の地下深部にある岩石密度が，地殻の平均密度（$\rho = 2.650 \times 10^3$ kg/m^3）より大きいか，あるいは小さいかを推定してみよ. 推定にあたり，その判断となった根拠も明記せよ. なお，重力異常を含むのは測定値 g である. 従って「重力異常を小さくするにはブーゲー補正の ρ が大きければ（あるいは，小さければ）良い」といった議論は誤りである.

Section 3.5

参考

●● 3.5.1 参考１：ジオイド ●●

　われわれは高度をあらわすとき,「この場所での高度は海抜 200 m である」のように海水面を基準にしている. 地球表層を覆っている流体（海水）は自由に移動できるため, この海水面を求めることによって,「地球の形」そのものを決定できる. 海水の表面は, 波や干満などにより絶えず変動しているが, 長い年月の平均をとれば世界中を覆う滑らかな曲面になる. これを平均海水面と呼び, この平均海水面を陸地にも仮想的に延長し, 地球表面を流体で覆ったときの曲面を " ジオイド " とよぶ. 山の高さなど各地の高さは, このジオイドからの高さであらわされる. 当然ジオイドはその性質上, 重力の方向に垂直で, 人工衛星もこのジオイド面と平行に高度数万 m を飛行している. またジオイドにもっともよく合うように決められた回転楕円体を地球楕円体と呼び, この楕円体上での重力加速度を基準として正規重力を決定している.

●● 3.5.2 参考２：正規重力 ●●

　地球の重力加速度はだいたい地球の引力と自転の遠心力の和であり, 緯度と高度で重力加速度の値はほぼ決まる. したがって, ジオイド面上のある地点での重力加速度の値は, 回転楕円体の扁平率・赤道半径・極半径が決まれば自動的に計算によって決定されることになる. この正規重力 (g_N) を与える国際正規重力式は, 1984 年に改訂され,

$$g_N = 9.7803267714(\frac{1 + 0.00193185138639 \sin^2 \lambda}{\sqrt{1 - 0.00669437999013 \sin^2 \lambda}}) \tag{3.6}$$

である. (λ は緯度をラジアン単位であらわしたもの)

●● 3.5.3 参考３：重力の補正 ●●

- **フリーエア補正**　重力加速度は地球の中心から遠ざかると小さくなる. 測定値をジオイド面上の値に計算しなおす作業がフリーエア補正である. 高度 h の点で測定した重力加速度を $g(= g_0 - g_f)$, ジオイド上での値を g_0, ジオイド面を半径 R の球とすれば,

$$\frac{g}{g_0} = \frac{R^2}{(R + h)^2} \quad (\because mg_0 = G\frac{mM}{R^2}, \; mg = G\frac{mM}{(R + h)^2}) \tag{3.7}$$

となる (m: 地球上での物質の質量, M: 地球の質量, G: 万有引力定数). したがって, 測定値 g をジオイド面上の重力値 g_0 に引き戻すと, $g_0 = g + 3.086 \times 10^{-6} h$ となる. すなわち, フリーエア補正の値は $g_f = 3.086 \times 10^{-6} h$ で与えられる.

- **ブーゲー補正**　フリーエア補正ではジオイドと測定点との間に物体が何もない空間を考えていたが, 実際は地殻岩石が存在するので, その岩石の質量による影響を補正する必要がある. ジオイ

ドと測定点との間に密度 ρ，厚さ h の無限に広い平板を敷き詰めたとして，その分の引力を差し引くことによってこの補正を行なうことにする．密度 ρ の無限平板による引力 g_B は，

$$g_B = 2\pi G\rho h \tag{3.8}$$

である．

- **重力異常** 測定値 g にフリーエア補正（高度補正）とブーゲー補正（密度補正）を施し，ジオイド面上での重力値に補正した値は，その地点の地下の密度が平均的ならば，その緯度の正規重力 g_N と等しいはずである．しかし，実際は地下の密度が平均からずれていて，補正後の重力値は正規重力と一致しないことが多い．この補正された重力値から正規重力の値を差し引いた値 Δg

$$\Delta g = (g + 3.086 \times 10^{-6}h - 2\pi G\rho h) - g_N \tag{3.9}$$

を重力異常という．この異常値は測定点の地下に存在する物質の密度を反映している．$\Delta g > 0$ なら高密度な物質，$\Delta g < 0$ なら低密度な物質の存在を示唆している．このことは石油やダイヤモンドの探査に利用されたり，火山噴火予測のための観測にも利用される場合がある．

●● 3.5.4 参考4：ケーター振り子の理論的考察 ●●

実験で見たように，ケーター振り子は支点 S と S' があり順方向（おもり A が下の状態）と逆方向（おもり A が上の状態）に下げた時の周期が測定できるようになった剛体振り子である．順方向に下げた時，振り子の質量を M，慣性モーメントを I_0，支点と重心の距離を l_S，ある時刻 t における振り子の振れの角度を $\theta(t)$ とすると（$0 \leq |\theta(t)| \leq \alpha$；$\alpha$ は最大の振れ角で，小さいとする），運動方程式は，

$$\frac{d^2}{dt^2}\theta(t) = -\omega_0^2 \sin\theta(t) \tag{3.10}$$

で与えられる．ここに

$$\omega_0^2 = \frac{Mgl_S}{I_0 + Ml_S^2} \tag{3.11}$$

である．振り子の振れ θ が十分小さいとして三角関数をテーラー展開すると運動方程式は

$$\frac{d^2}{dt^2}\theta(t) = -\omega_0^2\left(\theta(t) - \frac{1}{6}\theta(t)^3 + O(\theta^5)\right) \tag{3.12}$$

この運動方程式を α^4 以上を無視する近似で解くと（このような方法を摂動法という）その近似解は

$$\theta(t) = \alpha\left(\sin\omega t - \frac{1}{192}\alpha^2 \sin 3\omega t + O(\alpha^4)\right) \tag{3.13}$$

$$\omega = \omega_0\left(1 - \frac{1}{16}\alpha^2 + O(\alpha^4)\right) \tag{3.14}$$

で与えられることがわかる．よって順方向に下げた時の振り子の周期は

$$T_d = 2\pi\sqrt{\frac{I_0 + Ml_S^2}{Mgl_S}}\left(1 + \frac{1}{16}\alpha^2 - O(\alpha^4)\right) \tag{3.15}$$

この関係式をつかって重力加速度を求めるには慣性モーメントを知る必要があるがケーター振り子のような複雑な物体では，慣性モーメント I_0 を高い精度で求めることは非常に難しい．ところが，ケーター振り子では 2 つの周期 T_d と T_u が測定できる．T_u に関しては，

$$T_u = 2\pi \sqrt{\frac{I_0 + Ml_{S'}^2}{Mgl_{S'}}} \left(1 + \frac{1}{16}\alpha^2 - O(\alpha^4)\right) \tag{3.16}$$

が同様にして導かれる．この 2 つの式 (3.15) と (3.16) を組み合わせて慣性モーメント I_0 を消去すると定理の関係式 (3.1) が得られる．

●●　3.5.5 参考 5：誤差評価の考え方と各種補正の意味　●●

本実験において，重力加速度は (3.2) 式

$$g = \frac{(2\pi)^2 l}{T^2}\left(1 + \frac{1}{8}\alpha^2\right) \tag{3.2}$$

に，温度補正後の支点間の距離 l，周期 T，振れ角 α を入れることで与えられる．これらの値はいずれも誤差を含み，それがわかれば次に述べる方法により，最終的に g がもつ誤差を求められる．しかし T や α の誤差による影響は，l に比べてはるかに小さいのと，計算が煩雑なので，問題 1-4 では l の誤差だけ考えればよいことにする（順方向と逆方向で振り子長が変わることによる α の変化すら，l に比べると影響が小さい）．この場合，次の参考 6 で述べる偏微分を行わなくとも，支点間の距離として $l - \delta l$ と $l + \delta l$ を (3.2) 式に代入することで，g の誤差を見積もることができる（もちろん，参考 6 で変数を一つとすれば同じ結果が得られる）．

ここでいう l の誤差（δl）とは，机の上にある表で，$l_0 = 999.14 \pm 0.02$ mm などと書かれているうちの 0.02 mm のことであり，(3.3) 式の温度補正のことではない．金属の熱膨張率（1 °C の違いで長さが変化する割合）は正確に求められており，それを用いることで任意の温度での長さを正確に予測できる．例えば 15 °C の時に比べると，22 °C では $+0.000019 \times (22 - 15) = 1.000133$ 倍の長さになる（999.14 mm だったのが，999.27 mm になる）．この変化を誤差と混同してはいけない．なお，± 0.02 mm の部分も熱膨張の影響を受けるが，桁数を考えるとその変化は無視して構わない（0.02×1.000133 を計算して見よ）．

測定値を正規重力と比較可能にするために行うフリーエア補正とブーゲー補正の大きさは，測定地点の標高に比例する．つまり，海抜 0 m で測定した場合の補正量は 0 で，標高が高いほど補正量は大きくなる．従って，「補正量が小さいので重力異常を議論できる」だとか，「補正が必要だったので重力異常は議論できない」などと考えるのは全くの誤りである（この理屈だと，重力異常を議論できるのは海抜 0 m の場所だけになる）．

測定値に補正を施した重力値と正規重力の差が，見積もった誤差の範囲内に入らないとしたら，それは測定精度が悪いせいではない（求めた誤差こそが，精度の悪さの見積もりなのだから）．地下の物質に原因があって，そこでの重力が平均と異なると考えねばならない．これが重力異常の意味である．

●● 3.5.6 参考 6：「誤差の最大値」計算の一般論 ●●

例として，円柱の体積を求める場合を考える．定規で測った結果，高さと半径がそれぞれ h と r だったとしよう．しかしこれらは必ず誤差を含む（例えば，本当の高さが 99.93 mm や 100.07 mm だったとしても，最小目盛り 1 mm の定規では 0.07 mm の違いを検出できず，100 mm と測定されるだろう）．いま，それぞれの誤差を δh，$\delta r (> 0)$ とする．つまり，本当の h の値は $h - \delta h$ と $h + \delta h$ の間にある．普通に計算すると円柱の体積 V は，円周率を π として

$$V = \pi r^2 h \tag{3.17}$$

で与えられる．しかし誤差を考慮すると，体積は最も大きい場合（V_+ とする）で

$$V_+ = \pi(r + \delta r)^2(h + \delta h) \qquad = \pi(r^2 h + 2rh\delta r + \underline{h\delta r^2} + r^2\delta h + \underline{2r\delta r\delta h} + \underline{\delta r^2\delta h}) \tag{3.18}$$

の可能性がある．ここで波線を引いた項は誤差の 2 乗以上の項で，微小量同士の積のため他の項に比べて十分小さいとして無視すると，

$$V_+ = \pi(r^2 h + 2rh\delta r + r^2\delta h) \tag{3.19}$$

が得られる．つまり本当の体積は，誤差を考えずに計算した場合と比べて最大で $\pi(2rh\delta r + r^2\delta h)$ 大きい可能性がある．逆に言うと，本当の体積がこれより大きいことはあり得ない．同様に，本当の体積としてあり得る最小の値 V_- は

$$V_- = \pi(r^2 h - 2rh\delta r - r^2\delta h) \tag{3.20}$$

である．つまり，円柱の体積は必ず V_- と V_+ の間にある，あるいは V の誤差（δV とする）は $\pm\pi(2rh\delta r + r^2\delta h)$ 以内と言える．

ここで δV の各項に注目すると，第 1 項の $2\pi rh\delta r$ は，V を r で偏微分して r の誤差（δr）をかけたものに等しい．同様に第 2 項は V を h で偏微分して δh をかけたものである．つまり δV は，

$$\delta V = \frac{\partial V}{\partial r}\delta r + \frac{\partial V}{\partial h}\delta h \tag{3.21}$$

と書ける．一般に，測定量 X，Y，Z，$\cdots$ の関数としてある量 $R(X, Y, Z, \cdots)$ が与えられるとき，測定量の誤差をそれぞれ δX，δY，δZ，$\cdots$ とすれば，それに起因する R の誤差 δR は

$$\delta R = \frac{\partial R}{\partial X}\delta X + \frac{\partial R}{\partial Y}\delta Y + \frac{\partial R}{\partial Z}\delta Z + \cdots \tag{3.22}$$

で与えられる．但し，各項にはプラス・マイナスがあり，それらがうち消しあって δR が小さく計算されることがある．そこで安全を見て，各項の絶対値の和を取る．すなわち

$$|\delta R| = \left|\frac{\partial R}{\partial X}\delta X\right| + \left|\frac{\partial R}{\partial Y}\delta Y\right| + \left|\frac{\partial R}{\partial Z}\delta Z\right| + \cdots \tag{3.23}$$

が，あり得る誤差の最大値で，普通はこれを誤差という．実際の誤差はこれより必ず小さい．従って，これより大きな違いが検出された場合，その違いは誤差では説明できず，事実として存在すると判断される．

●●　3.5.7 参考 7：「標準偏差から求める誤差」と「誤差の最大値」の違い　●●

　参考 6 では (3.2) 式のような多変数関数が，それぞれの変数が持つ誤差により，最終的にどれだけの誤差を含みうるかを説明した．本来，誤差とは「真の値からのずれ」として定義される．現実には，真の値は未知で，それを知りたくて測定しているのだから，本当の意味で誤差を完全に見積もることはできない．しかし課題 3 の場合，例えば振り子の寸法に付けられた ± は，繰り返し採寸した値が全てその中にあったということで，真の値がこれを越えることはないといえる．そこでこの幅を各変数がもちうる誤差の最大値と考え，g の誤差を計算している．参考 5 と 6 の説明もこの考え方に従っている．これに対し，巻末付録の A.3「誤差」と A.4「誤差の伝播」では，複数回測定したデータの 68.3% が収まる幅（標準偏差）を誤差とし，多変数関数が最終的に持つ標準偏差の求め方を説明している．こちらを誤差として扱うことも多いが，これだと全体の 1/3 近くに当たる，大きな誤差を含んだ測定値が除かれるため，やや甘い評価となる．このように，同じ「誤差」という言葉を使いながら，その意味や計算法が若干異なることに注意されたい．

III　エネルギー

課題7

光のスペクトルと太陽電池

Section 7.1

はじめに

太陽電池は，太陽の光エネルギーを半導体の光電効果を利用して直接電気エネルギーに変換するものであり，CO_2 を排出しないため，化石燃料にかわる新しいエネルギー源の一つとして注目されている．一方，光が波動性と粒子性の二重性を持つことは，現代の物理学を理解する上で大変重要な真理の一つである．この課題では，光エネルギーのスペクトル分布を観察することや，太陽電池にも利用されている半導体の光電効果の体験を通して，光エネルギーや太陽光発電に関する理解を深め，光の波動性と量子性に関する考察を行う．

なお，本実験ではすべての教材を Google Classroom にアップロードしている．アップロード動画教材の中に学習支援資料として背景知識やレポート必要要件等を収録した講義「学習支援講義動画」を提供している．利用方法についてはテキスト後半に記載されている「学習支援講義について」を参考にし，予習，レポート作成に利用すること．

(i) 光の波動性と量子性

光は波である (波動性) と最初に唱えたのは，イギリスのフック（Hooke）やオランダのホイヘンス（Huygens）等であった．これに対して，イギリスのニュートン（Newton）は光は光素と呼ばれる微粒子の集まりであるという光の古典的粒子説を唱えた．しばらくの論争の後，イギリスのヤング（Young）が光の干渉実験を行い光の波動性を実証した．光は波であるということで論争は一応決着しかに見えた．ところが，1900 年にドイツのプランク（Planck）は，エネルギーは連続量ではなく非常に小さなあるエネルギーの素量（エネルギー量子）から成り立っているという概念を使って，古典力学では説明できなかった熱放射実験の説明に成功した．さらに，ドイツのアインシュタイン（Einstein）は，ν という振動数をもつ光が伝搬することを $h\nu$（h:プランク定数）なるエネルギーを持つ粒子が空間を飛んでいくと考えるという光の粒子性を提唱し，金属に光を当てるとその表面から電子が放出される光電効果の現象を見事に説明した．アインシュタインが唱えた光の粒子性は，ニュートンが唱えた古典力学に従う質点のような粒子とは異なり，光の振動数に比例したエネルギーの粒子であって波動の概念がなければ表せないものである．すなわち，光は波動性と粒子性の二重性を持っていることになる．

(ii) 太陽電池

太陽電池は電卓や腕時計等の日用電化製品や家庭用省エネ機器として一般家屋の屋根や屋上に取り付けられるなど，今日では広く一般に普及している．これらの製品に組み込まれている太陽電池は板状の半導体を幾重にも重ね合わせた太陽電池セルを複数つなぎ合わせることで目的の電力を得ている．太陽

電池による発電メカニズムは光の粒子性を示す代表例である光電効果を利用したものである．

Section 7.2
実験の目的

　この課題では，光エネルギーのスペクトル分布を観察することや，太陽電池にも利用されている半導体の光電効果の体験を通して，光エネルギーや太陽光発電に関する理解を深め，光の波動性と量子性に関する考察を行う．

　本実験では2つの小実験に分かれており，実験1ではプリズム分光器を用いて原子スペクトルを観測し，その規則性について調べ，光の放出機構についての理解を深める．また実験2では，太陽電池に用いられている半導体フォトダイオードを用い，光がその振動数に比例したエネルギーの粒子であるため，光のエネルギー $h\nu$ がフォトダイオードを構成する半導体の禁制帯の幅（バンドギャップ）より大きいとき，半導体内で光電効果が起こる事を観測し，光の粒子性（光量子）について理解を深める．

Section 7.3
実験の原理

(i) 光のスペクトル

　（学習支援講義の「Section 2：基礎知識と実験原理　Subsection 2-1：光の姿，Subsection 2-2：光の発光機構」では，本節の内容について詳しく説明している．）

　水素や希ガスなどを高電圧等の印加により励起状態にするとそれらの物質は光を放出してよりエネルギーの低い励起状態や基底状態に遷移する．この時放出された光をプリズム分光器を用いて分光し，放出された光の強度を各波長に対して測定したものが発光スペクトルである．物質の発光過程は電子状態の変化に対応しているため，発光スペクトルを測定することにより，物質の電子エネルギー準位間隔を求めることができる．

　気体原子の発光スペクトルは，図 7.1 に水素の例を示すように，気体原子のもつとびとびのエネルギー準位間の遷移によって輝線スペクトルとなって現れる．これに対して数個の原子から成っている分子の場合には，非常に多くの線スペクトルが密集して観測されるので，分子スペクトルの帯スペクトルとも呼ぶ．これは，分子の場合には定常状態が原子の状態ばかりではなく，分子の振動や回転などの状態にも依存するので，エネルギー準位が原子よりも密になっているからである．また，固体や液体のような凝集物質では一般にエネルギー準位は無数に多くなり，また，エネルギー準位の間隔も非常に小さくなり，連続的な準位となって現れる．タングステンランプの光で見られるように，各波長にわたって連続的ないわゆる連続スペクトルとして現れる．連続スペクトルは分光器のスリット幅をせばめたり，分解能の良い分光器を使用しても，分離したスペクトル線は見られない．

(ii) 太陽電池

　（学習支援講義の「Section 2：基礎知識と実験原理　Subsection 2-3：光電効果」では，本節の内容について詳しく説明している．）

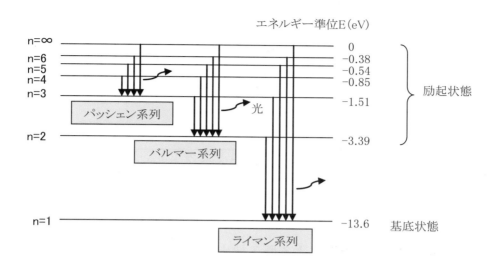

図 7.1: 水素原子エネルギー準位模式図（n は量子数）

　太陽電池セルには半導体が用いられている．半導体とは，電気伝導度が伝導体と絶縁体の中間値を持つものである．ある元素がその集合体を作るとき，エネルギー準位が少しずつ重なり合ってエネルギーバンド（エネルギー準位の帯）を形成する．その模式図を図 7.2 に示す．この中の禁制帯（バンドギャ

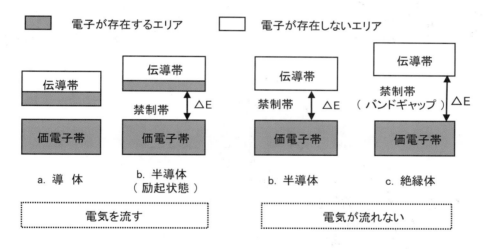

図 7.2: 導体，半導体，絶縁体における電子エネルギーの模式図

プ：ΔE）には電子が存在することができず，物質の電気伝導性は価電子帯に存在する電子が禁制帯を飛び越えることによって生ずる．従って，禁制帯幅が電子が飛び越えることができないほど大きい物質は伝導性の電子がなく，絶縁体となる．半導体とは通常では電子が禁制帯を飛び越えられず絶縁体としての性質を示すが，光等のエネルギーを吸収することで禁制帯を飛び越えることが可能となり伝導性を示すようになる物のことである．

Section 7.4
実験

実験 1 原子の放出スペクトル

●● 7.4.1 分光器による原子放出スペクトルの観察 ●●

プリズム分光器の目盛対波長の校正曲線を作り，これを用いて，水素放電管，希ガス放電管，蛍光灯などの放出スペクトル（発光または発輝スペクトル）の波長を測定する．

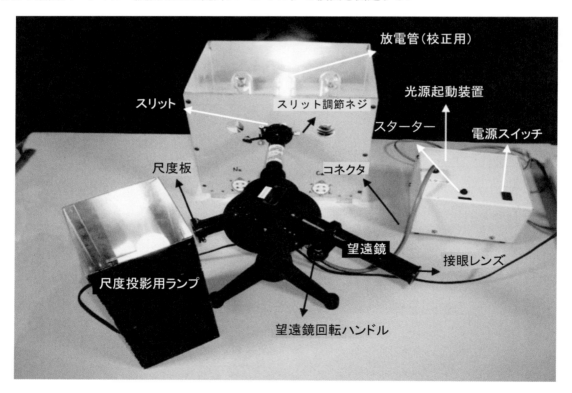

図 7.3: 校正用実験装置

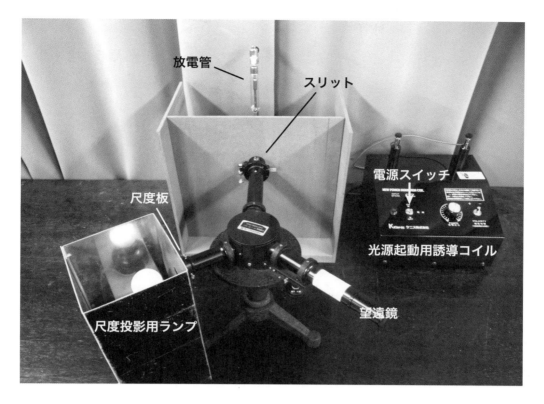

図 7.4: 測定用実験装置

◆◆　実験装置　◆◆

　プリズム分光器 (島津製スペクトロスコープ KB – 2 型), Na, Cd, Hg, H および希ガス（He, Ne, Ar, Kr および Xe）放電管, 光源起動装置, ネオン・トランス, 尺度投影用電灯, 蛍光灯.

(a)　プリズム分光器

　プリズム分光器は, 図 7.5 に示すようにコリメータ (C), プリズム (P), 望遠鏡 (T), および尺度投影管 (A) よりなっており, 光源からの光はスリットを通り, コリメータレンズによって平行光線になる. これがプリズムによって分散され, 各波長の平行光線として望遠鏡の対物レンズに入り, その焦点面上に各波長のスリット像を作る（スペクトルを作る）. このとき同時に尺度目盛の像がその焦点面にできるように調節されている.

(b)　光源起動装置

　電源スイッチを ON にし, 起動スイッチを長押ししてフィラメントが赤熱した所で起動スイッチから手を離すと放電が開始する. 放電しない場合はもう一度起動スイッチ長押しして赤熱するようにして繰り返す. 使用後は, 電源スイッチを OFF にすればよい.

◆◆　実験方法および手順　◆◆

(a)　プリズム分光器のスリットの調整

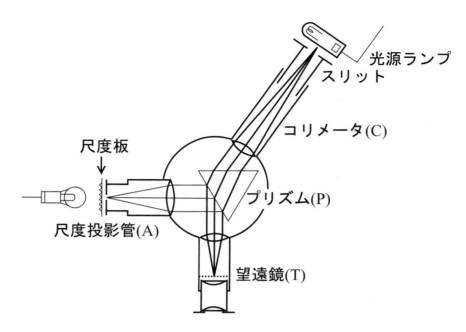

図 7.5: プリズム分光器の概念図

- 光源起動装置，プリズム分光器，放電管ボックス，尺度投影用ランプを図 7.3 のように設置する．

- スリット調整は Hg 放電管を用いて行う．

- 尺度投影用ランプを点灯し (電源をコンセントに差し込むと点灯する)，光源起動装置のコネクタを Hg 放電管ボックスのソケットに挿して，電源スイッチを入れ，スターターを 5 秒程度押し続け Hg ランプを点灯させる．プラグのピンは 4 本あり，太さが異なるので，太さの違いに注意し，向きを間違えないようにすること．

- 色のついた線と目盛が見えることを確認する（図 7.7）．目盛しか見えない場合はスリット調節ネジ（図 7.3，図 7.6）を少し動かしてスリットを開く．ネジを回す方向を間違えないように注意すること．図 7.6 の V 字型くさびを左右に移動することにより，スペクトルの長さを調整できる．スペクトルを測定しやすい長さに調節すること．

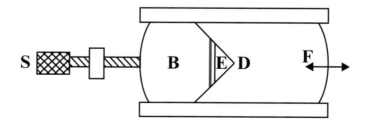

図 7.6: スリット
（S：スリット調節ネジ，回してスリットの幅を調節する，F：V 字型くさび，左右に移動させてスリットの長さを調節する．）

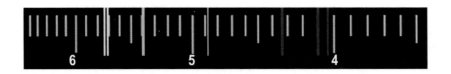

図 7.7: 望遠鏡から見た尺度板の投影と分光スペクトル

- ネジを微量に回すと線の太さが変わる，また，接眼レンズを前後に動かし望遠鏡のピントを調整し，一番左側に見える黄色の線を細い 2 本に分離する．黄色の線が視野にない場合には，望遠鏡回転ハンドルを回し，視野に入るようにする．

なお，Hg ランプで調整を行ったスリット調節ネジは実験 1 がすべて終了するまでは触れないこと．

(b) 線スペクトル（Hg，Cd，Na，He）の観察と校正曲線の作成

Hg の線スペクトルにおいて，「輝線スペクトルの目盛の値」と「線の色」，「線の相対強度」を記録する．

- 見えた「線の色」に対応する「波長」を表 7.1 から調べて記録する．

- 残りの Cd, Na, He の 3 種類について，同様の作業を行う（観察対象は TA の指示に従うこと）．
  Hg は黄色 2 本を含む 4 本以上，Cd は 3 本以上，Na は 1 本以上，He は 4 本以上の線を観測すればよい．なお，放電管には少量の Ar が混入されているので，Ar のスペクトルが見える場合には表 7.1 中の該当データを記入する．
  （表の作成については学習支援講義「Section 3：実験 1 目的・装置・方法　スライド 34　表 1」を参照のこと．）

- 目盛の値を縦軸に，波長の値を横軸にとったデータをプロットする（図 7.8）．

- プロットが一次直線で近似可能であることを確認する．実験中は直線を結ばなくても良い．

- 光源起動装置の電源や，接続コネクタを抜いて次の実験に支障の無いように整理する．
  なお，レポート作成時は，最小二乗法（テキスト巻末付録参照）を用いて正確に校正曲線を作成する．

(c) 水素原子のバルマー系列線の観察

- 水素放電管について，図 7.4 のようにセットし，光源起動用誘導コイルの電源スイッチを ON にすることにより点灯させる（誘導コイルの電極に触れると感電するので注意すること）．なお，水素放電管の取り付け・取り外しは教員もしくは TA が行う．

- 校正曲線作成時 (Hg，Cd，Na，He 放電管) と同様に，「輝線の目盛の値」と「線の色」，「相対強度」を記録する．なお，輝線は最低 3 本観測すればよい．
  （データの記録について，学習支援講義「Section 3：実験 1 目的・装置・方法　スライド 38　表 2」を参照のこと．）

表 7.1: 原子の主な放出スペクトル

Hg スペクトル			Cd スペクトル			Na スペクトル			He スペクトル			Ar スペクトル[*1]		
色	波長 (nm)	相対強度	色	波長 (nm)	相対強度	色	波長 (nm)	相対強度	色	波長 (nm)	相対強度	色	波長 (nm)	相対強度
黄	579.1	中	赤	643.8	大	赤	616.1	小	橙	667.8	中	赤	706.7	大
黄	577.0	中	緑	515.5	小	黄	589.3[*2]	大	黄	587.6	中	赤	696.5	大
緑	546.1	大	青緑	508.6	中	黄緑	568.8	小	青緑	501.6	小	赤	641.6	小
青	491.6	小	青	480.0	大				青緑	492.2	小	橙	604.3	大
青紫	435.8	大	青	467.8	大				青	471.3	小		···	
紫	407.8	大	紫	441.5	中				青紫	447.1	小	青紫	451.1	中
紫	404.7	中		···								紫	419.1	中
	···											紫	415.9	中
													···	

*1 放電管には，管保護のために Ar ガスが封入されているので，Ar のスペクトルも現れる.
*2 D$_1$(589.592 nm),D$_2$(588.995 nm) の 2 本のスペクトル.

(d) 蛍光灯のスペクトル観察

- 蛍光灯を点灯させる．分光したスペクトルがどの様な様子か観察し，スケッチしなさい.

- 観察される輝線スペクトルに関して,「目盛の値」と「線の色」,「相対強度」を記録する．なお, 輝線スペクトルは 5 本程度観察できればよい.

(e) 希ガスのスペクトル観察　（任意課題）
　時間に余裕がある場合，さらに希ガスの放電管を一種選んで，水素放電管と同様の実験を行う.

●●　7.4.2 結果のまとめと考察　●●

(a) 校正曲線について

- 校正曲線のプロットは実験時間内に全員必ず作成すること.

- プロットを直線で結ぶ際は誤差を考慮し，最小 2 乗法を用いたデータ整理を行うこと．最小 2 乗法は（学習支援講義「Section 3：実験 1 目的・装置・方法」のスライド 35・36・37 か巻末の付録を参考にすること.）

(b) 水素の Balmer 系列について

- 水素の Balmer 系列とは何か（意味と内容）を調べ，レポートにまとめなさい.

- Rydberg 定数の定義と内容について調べ，レポートにまとめなさい.

- 上記をまとめる際，参考にした文献については出典を明確に記すこと.

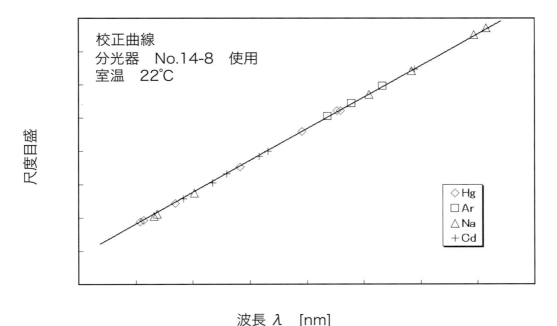

図 7.8: 校正曲線の実測例

- 調べた Rydberg 定数の文献値と測定したバルマー系列スペクトルの波長から計算した計算値を比較し，誤差の要因を考察しなさい．なお，波長と Rydberg 定数 (R ∞) との関係は以下の式 (7.1) を参考にすること．また，バルマー系列の場合，n = 2 となり，n' は赤の場合 3，青緑の場合 4，青紫の場合 5，紫の場合 6 となることに注意すること．またすべてのスペクトルが観察されるとは限らないため，観察されるスペクトルの本数が赤，青緑の 2 本，赤，青緑，青紫の 3 本になることも考えられる．詳しくは学習講義「Section 2：基礎知識と実験原理　Subsection 2-2：光の発光機構　スライド 20・21・22」を参照のこと．

$$\frac{1}{\lambda} = \bar{\nu} = \frac{\nu}{c} = R_\infty \left(\frac{1}{n^2} - \frac{1}{n'^2} \right) \tag{7.1}$$

(c) 希ガスと蛍光灯のスペクトルについて

- 希ガスおよび蛍光灯の輝線スペクトルについては測定データと校正曲線から読み取った波長を表にまとめること．

- 蛍光灯のスペクトルに関して，観察される様子をスケッチしなさい．輝線スペクトルについては，文献値（理科年表等）を参考に物質の同定を行うこと．また，蛍光灯の放電および発光のしくみについて文献を調べ，レポートにまとめなさい．

実験2 内部光電効果によるフォトダイオードの光起電力

●● 7.4.3 白色光の分光とフォトダイオードの光起電力 ●●

◆◆ 実験装置 ◆◆

白色光源（ハロゲンランプ），三角プリズム，Si フォトダイオード，GaP フォトダイオード，デジタルマルチメーター

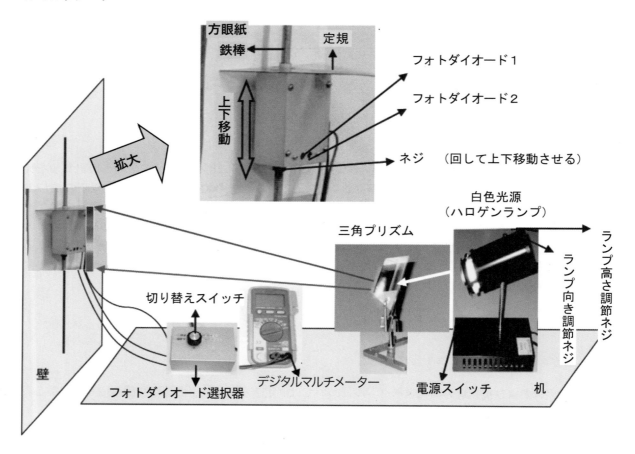

図 7.9: 実験 2 で用いる装置概要

◆◆ 実験方法および手順 ◆◆

(a) 白色光の分光

- ハロゲンランプの電源スイッチを入れ点灯させる.

- ハロゲンランプと三角プリズムの位置や角度を調整し，壁に分光した光 (虹) を当てる.
  きれいな虹が出来ない場合は光源とプリズムの距離を調整すること.
  壁に貼った方眼紙の下から 1/3 付近に光が当たるように位置を調整する.
  調整終了後は，実験終了までハロゲンランプとプリズムは動かさないこと.

(b) 分光の様子の模式図

- 白色光の分光の様子の模式図を描きなさい.
  「模式図」なので，装置の形状や大きさ，距離などを詳細にスケッチする必要はないが，
  プリズム内の光の屈折は正しく考慮し，表現されているか注意すること.

(c) フォトダイオードに入射するスペクトルの調整

- フォトダイオードのボックス (図 7.10) を動かして，フォトダイオードの位置が赤色光の下側 2 cm 程度になるようにし，その位置をスタート位置とする.

- ボックスのスタート位置を決めたら，ボックスの上にある定規の位置を 0（原点）とする. 壁の方眼紙に原点の位置を鉛筆で書き込み，実験終了まで変えないこと（実験終了後消すこと）.

- フォトダイオード選択器の切り替えスイッチのツマミを「OFF」から「ダイオード 1」または「ダイオード 2」にする.

- デジタルマルチメーターのツマミを「OFF」から「DCV（直流電圧）」に切り替え，0.001 V が測定できるようにレンジを設定する.
  デジタルマルチメーターは実験台によって機種が異なるので，わからない場合は教員および TA に確認すること.

(d) 光起電力の測定

- ボックスを 5 mm ずつ動かし，原点からの移動距離と，その時のフォトダイオード 1，2 の起電力（電圧の値）を計測する. 同時に，スペクトル表（各実験台に設置）を見ながら，「移動距離」とそのときフォトダイオードに当たっている光の「色」，「波長」を対応させ，ノートに記録しておくこと.
  （表の作成については学習支援講義「Section 4：実験 2 目的・装置・方法　スライド 42　表 3」を参照のこと.)
  実験時間に余裕がある場合は, 電圧の値が大きく変化している付近について，より正確なデータが得られるように, 1 mm 間隔の計測を行う.

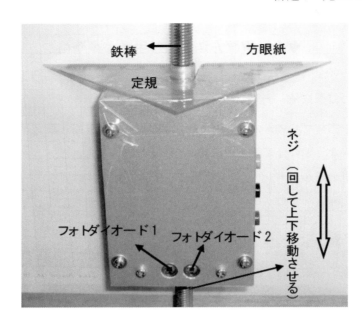

図 7.10: フォトダイオードボックス

- フォトダイオードの位置が紫色の外側 2 cm 程度になるまで，データを取り続ける.

- ダイオード 1, 2 の起電力測定結果を縦軸に起電力, 横軸に移動距離として一枚のグラフ用紙中に同時に描くこと.

●●　7.4.4 結果のまとめと考察　●●

(a)　分光の様子

　白色光が明確に分光されたとき，白色光が三角プリズムのどの面に入射し，どの面からどの様に分光されているかを観察し，その分光の様子を模式的に図示せよ. その際，プリズムの中での赤，黄，青の光の光路を違いが明確になるように屈折率の違いを考慮に入れて示すこと.

　（分光の様子については学習支援講義「Section 2：基礎知識と実験原理　Sebsection 2-4：分光と屈折率」の内容を参照のこと.）

(b)　バンドギャップに相当する波長の計算とダイオードの同定

- フォトダイオード 1, 2 について（1，2 両方とも），位置と光起電力の関係をグラフに図示せよ. 位置と光起電力の関係のグラフは実験時間内に全員必ず作成すること.

- フォトダイオード 1, 2 について（1，2 両方とも），波長と光起電力の関係をグラフに図示せよ. ここでは波長を求めることができた部分について示せばよい.

- 上で作成したグラフからフォトダイオード 1, 2 が Si と GaP のいずれであるか同定しなさい. なお，Si と GaP のバンドギャップは，Si：1.12 eV, GaP：2.25 eV である. 考察にあたっては，まず

光のエネルギー（E）と波長（λ）との関係を表す (7.2) 式から，バンドギャップを超えるために必要な波長（限界波長）を計算し，その結果を用いて考察せよ．

$$E = \frac{hc}{\lambda} \tag{7.2}$$

- 波長と光起電力の関係を示すグラフでフォトダイオード 1，2 についての特徴を述べ，その原因について考察しなさい．

レポートを作成する時には，学習講義の「Section 5：実験 1 と 2 の関係，レポート自己チェックポイント」を参照し，実験 1 と実験 2 の関係を理解し，レポート提出前に，必要事項の記載漏れについて自己チェックを行うこと.)

Section 7.5

学習支援講義について

●●　7.5.1 学習支援講義の対象・利用方法　●●

(a)　講義の対象

　すべての自然科学総合実験課題 7 履修者を対象としている．

　特に，高校で物理を履修していなかったり，履修したが理解度に自信がなかったり，本実験の内容と高校で履修した物理との関係が結びつかないような場合は是非一度目をとおすこと．

(b)　利用方法

　講義動画は Google Classroom の課題 7 教材の中にアップロードしている．講義はサブセクションを含めて全部で八つの章から構成されている．理解度をより向上させるためには，セクション 1 からセクション 8 まですべて見ることを勧めるが，状況によっては，必要なものを選択して見てもよい．例えば予習時には，実験の目的・原理・方法に関連する部分を視聴し，実験全体をイメージする事に利用したり，レポートを書く際には，データの整理・考察・まとめに必要な部分を視聴する事が効果的である．

●●　7.5.2 学習支援講義の内容　●●

Section 1:　はじめに（スライド：4 枚，時間：7 分）

- スライド 1：実験課題タイトル
- スライド 2：実験目的
- スライド 3：身近なスペクトル，虹
- スライド 4：環境問題と太陽電池

Section 2:　基礎知識と実験原理

Subsection 2-1:　光の姿（スライド：10 枚，時間：17 分）

- スライド 5：光と電磁波
- スライド 6：光のエネルギー
- スライド 7：波の性質:干渉
- スライド 8：ヤングの干渉実験（光の波動性）
- スライド 9：箔検電器による光電効果の実験 1
- スライド 10：箔検電器による光電効果の実験 2
- スライド 11：箔検電器による光電効果の実験 3

- スライド 12：光電効果の説明（光の波動性だけでは不十分）
- スライド 13：光は粒子でもある
- スライド 14：光は波動性と粒子性の 2 重性質を持つ

Subsection 2-2: 光の発光機構（スライド：8 枚, 時間：14 分）

- スライド 15：電子の発見
- スライド 16：ラザフォードの α 線の散乱実験
- スライド 17：ラザフォードの原子模型
- スライド 18：ラザフォードの原子模型の欠点
- スライド 19：電子の波動性と電子の軌道
- スライド 20：電子軌道とエネルギー準位（ボーアの理論）
- スライド 21：水素原子の電子軌道とエネルギー準位
- スライド 22：光の発光機構（バルマー系列）

Subsection 2-3: 光電効果（スライド：3 枚, 時間：7 分）

- スライド 23：結晶：バンド（帯）構造
- スライド 24：導体，絶縁体，半導体の電子エネルギーの模式図
- スライド 25：光電効果が起こる限界振動数（限界波長）

Subsection 2-4: 分光と屈折率（スライド：3 枚, 時間：5 分）

- スライド 26：プリズム分光の仕組み（光の分散）
- スライド 27：波長と屈折率の関係（光の分散）
- スライド 28：屈折の法則（スネルの法則）について

Section 3: 実験 1：目的，装置，方法（スライド：10 枚, 時間：12 分）

- スライド 29：実験目的（実験 1）
- スライド 30：実験 1「光のスペクトル」の装置（測定用）
- スライド 31：実験 1「光のスペクトル」の装置（校正用）
- スライド 32：本実験の校正について
- スライド 33：校正について
- スライド 34：目盛対波長の校正曲線の作成
- スライド 35：最小二乗法について（データ処理）
- スライド 36：最小二乗法の意味
- スライド 37：最小二乗法の計算方法
- スライド 38：水素、希ガス原子スペクトル及び蛍光灯の発光スペクトルの測定

Section 4:　実験 2：目的, 装置, 方法（スライド：5 枚, 時間：7 分）

- スライド 39：実験目的（実験 2）
- スライド 40：フォトダイオードと太陽電池
- スライド 41：実験 2「白色光の分光とフォトダイオードの光起電力」の装置
- スライド 42：実験 2 の実験方法
- スライド 43：実験 2 の実験方法 2

Section 5:　実験 1 と実験 2 の関係, レポート自己チェックポイント（スライド：3 枚, 時間：3 分）

- スライド 44：光の発光機構と光電効果
- スライド 45：レポート自己チェック　実験 1
- スライド 46：レポート自己チェック　実験 2

●●　7.5.3 注意事項　●●

1. 講義は実験（レポートを書くことを含め）の遂行を助けるための学習資料（ヒント）であり, レポート考察の答えそのものではない.

2. 実験操作を行う際には, 操作自体の意味を理解し, 観察した現象の後に潜んでいる原理も考えてみること.

課題 8

燃料電池

はじめに

●● 8.1.1 日本におけるエネルギー消費 ●●

日本を含む世界全体における科学技術の発展は，人類に多大な恩恵をもたらしている．それに伴い人類の必要とするエネルギー（仕事を生み出す能力）も急激に増加した．資源エネルギー庁が発表した「平成 30 年度エネルギーに関する年次報告」（エネルギー白書 2019）によると，日本のエネルギー消費は 1970 年代までの高度経済成長期は国内総生産（GDP）よりも高い伸び率で増加した．しかし，1970 年代の石油ショックを契機に製造業を中心に省エネルギー化が進むとともに省エネルギー型製品の開発も盛んになった．この結果，エネルギー消費を抑えながら経済成長を果たすことができた．その後，1990 年代は安価な原油価格を反映して家庭を中心にエネルギー消費が増加した．しかし，2000 年代半ば以降は再び原油価格が上昇したこともあって，2004 年をピークにエネルギー消費は減少傾向にある．2011 年からは東日本大震災以降の節電意識の高まりなどによってさらに減少が進んだ．その結果，2017 年度のエネルギー消費は 1973 年度水準の 1.2 倍の 1.347×10^{19} J に留まっているが，これは原油換算すれば 3.475×10^{11} L もの量に相当する．このように近年は省エネルギー化が進んでいるものの，依然としてエネルギー消費は莫大であり，いかにこのエネルギーを安定に供給するかが日本の重要な課題となっている．

●● 8.1.2 エネルギー供給における化石燃料への依存 ●●

それでは，日本で消費する膨大なエネルギーはどのように供給されてきたのであろうか．高度経済成長期をエネルギー供給の面で支えたのは，中東などで大量に生産されている石油であった．日本は安価な石油を大量に輸入し，1973 年度には一次エネルギー国内供給の 75.5% を石油に依存していた．しかし，第四次中東戦争を契機に 1973 年に発生した第一次石油ショックによって，原油価格の高騰と石油供給断絶の不安を経験した日本は，エネルギー供給を安定化させるため，石油依存度を低減させ，石油に代わるエネルギーとして原子力，天然ガス，石炭などの導入を推進した．また，イラン革命によってイランでの石油生産が中断したことに伴い，再び原油価格が大幅に高騰した第二次石油ショック（1979 年）は，原子力，天然ガス，石炭の導入を更に促進し，新エネルギーの開発を更に加速させた．その結果，一次エネルギー国内供給に占める石油の割合は，2010 年度には 40.3% と第一次石油ショック時の 75.5% から大幅に減少し，その代替として石炭（22.7%），天然ガス（18.2%），原子力（11.2%）の割合が増加するなど，エネルギー源の多様化が図られた．しかし，2011 年に発生した東日本大震災とそれ

による原子力発電所の停止により，原子力の代替発電燃料として化石燃料の割合が増加し，近年減少傾向にあった石油の割合は 2012 年度に 44.5% まで上昇した．一次エネルギー国内供給に占める化石燃料（石油，石炭，天然ガス）への依存度を世界の主要国と比較した場合，2016 年の日本の依存度は 92.3% であり，原子力や風力，太陽光などの導入を積極的に進めているフランスやドイツなどと比べると依然として高い水準になっている．

●● 8.1.3 化石燃料の消費と地球温暖化 ●●

この化石燃料の消費による二酸化炭素（CO_2）の排出は，1980 年代より地球温暖化と関連して世界規模で解決しなくてはならない問題である．二酸化炭素など温室効果ガスの世界における排出量は，2000 年から 2010 年の 10 年間で約 90 億トン（CO_2 換算）もの増加となっている．この 90 億トンは日本の 1 年間の排出量の約 7 倍にあたる．日本は，中国，米国，EU，インド，ロシア等に次ぐ主要排出国のひとつであり，排出量は世界の約 3% となっている．そのため，世界の温室効果ガス排出量を削減するためには，日本国内での削減を進めるだけでなく，全ての国が参加する公平かつ実効的な国際枠組みを構築することが不可欠である．1997 年に採択された京都議定書では，世界の排出量の約 13%–22% 分の国々しか削減義務を負っていなかった．そこで 2015 年の COP21（国連気候変動枠組条約第 21 回締約国会議）においては，全ての国が削減目標を設定するパリ協定が採択された．日本の温室効果ガス削減目標は，2030 年度に 2013 年度比マイナス 26.0% の水準にすることとなっている．

上記のような温室効果ガスの排出量削減を行うために，化石燃料の消費以外によるエネルギー供給方法が必要とされている．例えば，水力，太陽光，風力による発電である．さらに近年，水素を燃料として使う燃料電池（fuel cell）による発電が盛んに研究されている．この実験課題では，燃料電池実習キットを用いて，燃料電池の動作原理の学習，エネルギー効率の測定実験を行い，燃料電池を用いた発電システムのエネルギー効率について考察する．

●● 8.1.4 燃料電池とは何か ●●

燃料電池は，燃料である水素と空気中の酸素を化学反応させることによって直接電気を発生させる発電装置である．我々の身近にある乾電池とは異なり，燃料電池は外部から燃料を導入するため燃料を供給し続けることで連続的に発電できる．

その歴史は古く，燃料電池の原型は 1839 年に英国のウィリアム・グローブ卿により発明された．この燃料電池の原型（図 8.1）は，希硫酸に白金触媒をひたし，水素と酸素を燃料として供給する構造となっている．その後改良が進み，1960 年代にはアメリカ航空宇宙局（NASA）が有人宇宙船の電源として燃料電池を採用した．近年では，2009 年に家庭用燃料電池の販売が開始され，さらに 2014 年にはトヨタ自動車が世界で初めて量産型燃料電池自動車を市場投入した．

燃料電池は，1) 発電効率が 30–70% と高いこと，2) 発電過程で二酸化炭素や窒素酸化物（NO_x），硫黄酸化物（SO_x）を排出しないことから，エネルギーの自給率が低い日本においてはエネルギーの安定供給とともに，クリーンな地球環境を実現する観点からも極めて重要なシステムであると考えられる．

●● 8.1.5 燃料電池を用いた発電システム ●●

燃料電池を用いて発電するためには燃料である水素を供給する必要がある．理想的には無限のエネルギー源である太陽光で発生させた水素を蓄え，必要に応じて燃料電池を用いて発電するシステムがエネ

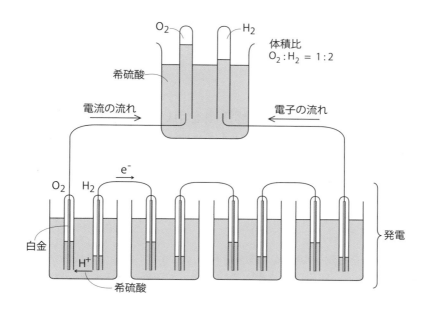

図 8.1: グローブが発明した燃料電池の原型

ルギー供給，環境問題の点から優れている．本実験課題では太陽電池を用いて水を電気分解して水素を発生し，蓄えられた水素を用いて燃料電池で発電するシステムを使用する．燃料電池の実用性を考える際には，水素の供給，発電効率を含めた発電システム全体を視野に入れる必要がある．

●● 8.1.6 エネルギー効率 ●●

　発電効率は発電装置のエネルギー効率に依存する．エネルギー効率とは，投入したエネルギー E_{in} に対する得られたエネルギー E_{out} の比（E_{out}/E_{in}）として定義される．発電装置のエネルギー効率が高いほど，エネルギーを有効に利用していると言える．

　現在の主な発電方法である火力発電では，燃料を燃焼させ生じた熱エネルギーによりタービンを回転させ機械エネルギーに変換する可逆熱機関を含んでいる．熱機関であるため，効率はカルノー・サイクルの効率を超えることはできない（カルノーの定理）．一般的には火力発電の効率は40–50%であることが多い．

　燃料電池は熱エネルギーを経由せずに水素の化学エネルギーを電気エネルギーに直接変換するため，カルノーの定理による制限を受けない．そのため高いエネルギー効率が期待できる．本実験課題では，燃料である水素の供給源である電気分解のエネルギー効率と，燃料電池のエネルギー効率をそれぞれ求め，発電システム全体としてどれだけのエネルギー効率になるかを考察する．

Section 8.2
実験の原理

●● 8.2.1 高分子電解質膜を用いた燃料電池 ●●

実験では水素を燃料とし，高分子電解質膜（polymer electrolyte membrane, PEM）を採用した燃料電池を用いて実験を行う．図 8.2 に PEM を用いた燃料電池の模式図を示す．この燃料電池の負極では，燃料として供給された水素（H_2）のイオン化反応（式 8.1）が起き，陽子（H^+，プロトン）と電子（e^-）が生成する．この反応を進行させるために白金などの触媒が用いられる．

$$H_2(g) \longrightarrow 2H^+ + 2e^- \tag{8.1}$$

PEM は陽子のみを移動させる陽子交換膜の機能をもつ．よって，負極で生成した陽子は PEM 内を移動して正極へたどり着く．一方，電子は負極から導線を通って正極へと流れる．このように電子が流れる（＝電流が流れる）ことで燃料電池は発電をする．正極に移動した陽子と電子は，空気中の酸素と反応して水を生成する（式 8.2）．

$$\frac{1}{2}O_2(g) + 2H^+ + 2e^- \longrightarrow H_2O(l) \tag{8.2}$$

式 8.1 と式 8.2 を足すと，

$$H_2(g) + \frac{1}{2}O_2(g) \longrightarrow H_2O(l) \tag{8.3}$$

となり，水の電気分解の逆反応を起こすことで導線中に電子を流す，すなわち，仕事を生み出す能力のエネルギーを取り出すことができたことになる．

●● 8.2.2 電気分解のエネルギー効率 ●●

エネルギー効率 η_e は，投入したエネルギー E_{in} に対する得られたエネルギー E_{out} の比として定義される．水の電気分解では電気エネルギー E_{ele} を投入して電気分解を行い，水素の化学エネルギー E_{H_2} に変換するのであるから，電気分解のエネルギー効率 η_e^{EL} は式 8.4 で表すことができる．

$$\eta_e^{EL} = \frac{E_{out}}{E_{in}} = \frac{E_{H_2}}{E_{ele}} \tag{8.4}$$

ここで電圧 V (V)，電流 I (A)，時間 t (s) とすると，E_{ele} は式 8.5 で計算できる．

$$E_{ele} = VIt \tag{8.5}$$

また，発生した水素の体積 V_{H_2} (m^3)，水（液体）の標準生成エンタルピー $\Delta_f H°(H_2O(l))$ (J/mol)，25 ℃ (298 K) における理想気体 1 mol の体積 V_m (m^3/mol) を用いると，E_{H_2} は式 8.6 で表される．

$$E_{H_2} = -\frac{V_{H_2}}{V_m}\Delta_f H°(H_2O(l)) \tag{8.6}$$

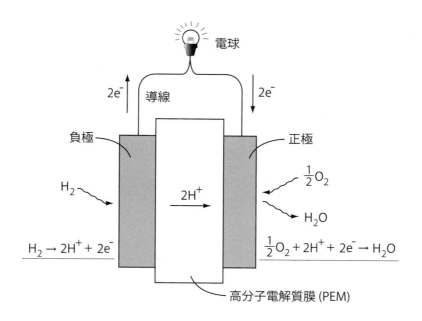

図 8.2: PEM を用いた燃料電池の模式図

ここで,

$$\Delta_f H^\circ(H_2O(l)) = -286 \times 10^3 \, J/mol \tag{8.7}$$

$$V_m = 24.5 \times 10^{-3} \, m^3/mol \tag{8.8}$$

である. 水（液体）の標準生成エンタルピー $\Delta_f H^\circ(H_2O(l))$ とは反応熱の一種であり, 標準状態 298 K, 100 kPa において水（液体）1 mol が, 水素（気体）と酸素（気体）から生成する際の物質のエネルギー変化量である.

●● 8.2.3 燃料電池のエネルギー効率 ●●

この実験で用いる燃料電池では, 水素の化学エネルギー（E_{H_2}）を投入して電気エネルギー（E_{ele}）を得る. すなわち水の電気分解の逆反応により発電しているため, 燃料電池のエネルギー効率 η_e^{FC} は式 8.9 で表すことができる.

$$\eta_e^{FC} = \frac{E_{out}}{E_{in}} = \frac{E_{ele}}{E_{H_2}} \tag{8.9}$$

ここで E_{H_2}, E_{ele} はそれぞれ電気分解と同様に以下の式 8.10, 8.11 で表される.

$$E_{H_2} = -\frac{V_{H_2}}{V_m}\Delta_f H^\circ(H_2O(l)) \tag{8.10}$$

$$E_{ele} = VIt \tag{8.11}$$

Section 8.3
実験

●●　8.3.1 実験に用いる器具　●●

本実験では以下の器具を使用する（図 8.3 を参照）.

1. 燃料電池実習キット

2. 蒸留水

3. 光源

4. 定電圧直流電源

5. デジタルマルチメーター（2 台. 電圧計，電流計として使用）

6. 接続ボックス

7. 接続ケーブル

8. 抵抗ケーブル

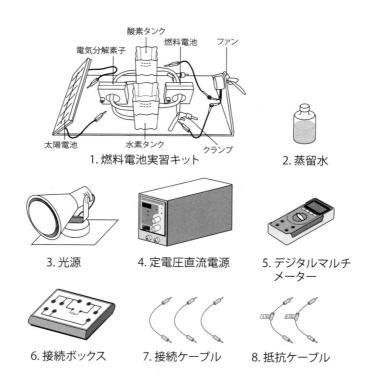

図 8.3: 実験に用いる器具

●● 8.3.2 注意事項 ●●

- 実験中は水素および酸素ガスが発生するため，**火は絶対に使用しない**こと．

- 燃料電池実習キットは壊れやすいので丁寧に扱うこと．特に**太陽電池は熱に弱い**ので注意して取り扱うこと．

- 実験では必ず**蒸留水を用いる**こと．決して水道水を使用してはならない．

- **燃料電池に電圧をかけない**こと．電圧をかけると燃料電池を破損してしまう．

実験1 燃料電池を用いた発電システム

目的

実験1では，電気分解素子と燃料電池を用いた発電システムの動作原理を理解する目的で，燃料電池実習キットの動作を確認する．

実験操作

1. 燃料電池（FC）の正極と負極から伸びているチューブのクランプを2つとも閉じる．

2. 太陽電池と電気分解素子（EL）がケーブルで接続されている場合は接続を外す．燃料電池とファンが接続されている場合も外す．

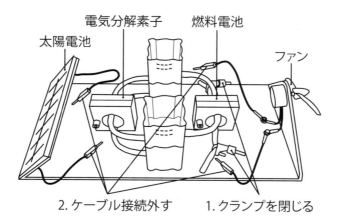

図 8.4: 操作 1, 2

3. 水素タンク，酸素タンクの上側の水位線まで蒸留水を入れる.

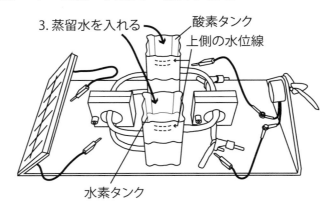

図 8.5: 操作 3

4. 操作 1 で閉じたクランプのうち，燃料電池の正極側のクランプを少し開ける. 酸素タンクの水位が下がらなくなったら，クランプを閉じる.

5. 操作 4 と同様に，負極側のクランプを少し開ける. 水素タンクの水位が下がらなくなったら，クランプを閉じる.

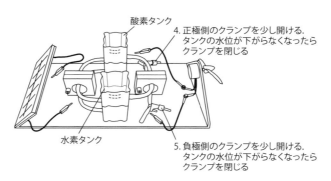

図 8.6: 操作 4, 5

6. 太陽電池のケーブルを電気分解素子に接続する（同じ色を接続する）.

7. 光源からの光を太陽電池に照射して電気分解を始める. このとき電気分解の電圧を電圧計で測定し，光源と太陽電池の距離が約 10 cm になるように光源の位置を調整する（両端が大小のバナナ型端子であるケーブルを使って，電気分解素子の正極をデジタルマルチメーターの V 端子，負極を COM 端子に接続して電気分解の電圧を測定する）. 光源と太陽電池の距離が近すぎると，太陽電池が熱で壊れてしまうので注意する. 水素の体積が 10, 20, 30 cm^3 の時の時間，電圧，酸素の目盛りを記録する.

8. 電気分解により水素と酸素が 2:1 の割合で生成し，水素タンク，酸素タンクに貯蔵されていることを確認する.

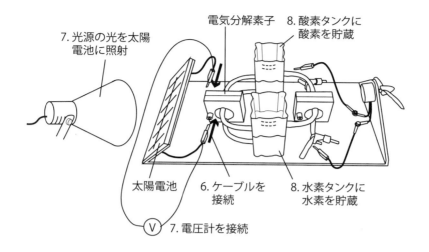

図 8.7: 操作 6, 7, 8

9. 水素が 30 cm³ まで貯まったら（約 15 分かかる），燃料電池の負極側のクランプを少し開け，水素タンクに貯まった水素のうち約 10 cm³ を燃料電池へと流した後，クランプを閉じる．

10. 操作 9 と同様に，燃料電池の正極側のクランプを少し開け，酸素タンクに貯まった酸素のうち約 10 cm³ を燃料電池へと流した後，再びクランプを閉じる．

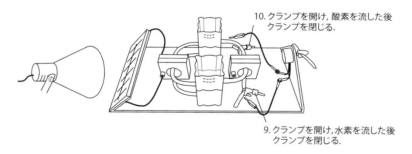

図 8.8: 操作 9, 10

11. 燃料電池とファンをケーブルで接続する（同じ色を接続する）．燃料電池で発電してファンが回ることを確認する．

次の実験の用意

光源の電源を切る．太陽電池と電気分解素子，及び燃料電池とファンの接続を外す．

上手く機能しない場合

- 電気分解が始まらない場合

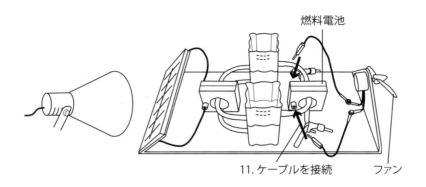

図 8.9: 操作 11

- – 太陽電池と電気分解素子が正しく接続されているか？
- – 太陽電池に十分な量の光が当たっているか？

- ファンがまわらない場合

- – 燃料電池とファンが正しく接続されているか？
- – 水素が燃料電池に行き渡っているか？

実験 2 電気分解の効率を求める

目的

　実験 2 では，水の電気分解におけるエネルギー効率を求める目的で，一定の電圧を電気分解素子にかけたときの水素の生成速度を測定する．

実験操作

1. 実験 1 の「次の実験の用意」が終わった状態であることを確認する．

2. 電源の電圧が 0 V に設定されていることを確認する（電源の VOLTAGE のつまみを反時計回り，CURRENT を時計回りに回るところまで回す）．電源の使用法は本テキストとは別に用意したマニュアルを参照すること．

3. 実習キットの電気分解素子，電源，2 台のデジタルマルチメーターを図 8.10 の回路になるように接続ボックスを用いて接続する．ポート 1 と電源，およびポート 2 と電気分解素子の組み合わせで接続する．2 台のデジタルマルチメーターを電圧計，電流計として用いる．電圧計の測定レンジは直流の V 単位にする．電流計の測定レンジは A 単位とし，ケーブルの電流計への接続も A 端子にする．デジタルマルチメーターの使用法は本テキストとは別に用意したマニュアルを参照すること．

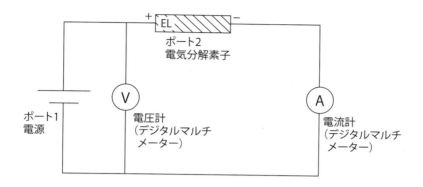

図 8.10: 実験 2 で用いる回路

4. 燃料電池の負極側のクランプを少し開けて，水素タンク内の水素を 10 cm³ にした後，クランプを閉じる．

5. 電源の電圧を 1.8 V に設定する．電気分解素子に電圧をかけ，発生した水素の体積（V_{H_2}）が 13，16, 19 cm³ に達したときの時間，電圧，電流をストップウォッチを用いて記録する（表 8.1 を参照）．

6. 電源の出力を止める．

7. 燃料電池の負極側のクランプを開けて，水素タンク中の水素を 10 cm³ にした後，クランプを閉じる．

8. 電源の電圧を 2.0 V に設定する．再び電気分解素子に電圧をかけ，発生した水素の体積（V_{H_2}）が 13, 16, 19 cm³ に達したときの時間，電圧，電流を記録する．

表 8.1: 電気分解における水素発生に要した時間 t と電圧 V, 電流 I, 電力 P

V_{H_2}/cm³	1 回目 （1.8 V）				2 回目 （2.0 V）			
	t/s	V/V	I/A	P/W	t/s	V/V	I/A	P/W
10								
13								
16								
19								

次の実験の用意

電源を切る．水素タンク中の水素は次の実験で使うので取り除かないこと．

実験 3 燃料電池の効率を求める

目的

　実験 3 では，PEM を用いた燃料電池のエネルギー効率を求める目的で，燃料電池素子が発電するときに消費する水素の体積を測定する．

実験操作

1. 実験 2 の「次の実験の用意」が終わった状態であることを確認する．

2. 実習キットの電気分解素子と燃料電池，電源，2 台のデジタルマルチメーター（電圧計，電流計）を図 8.11 の回路になるように接続ボックスを用いて接続する．このとき，電源と電気分解素子を極性に注意して接続する．抵抗はまだ接続しない．

3. このとき電圧値が 0.80 V 以上になっているはずである．電圧値が低い場合は燃料電池による発電ができていないので，TA に申し出ること．

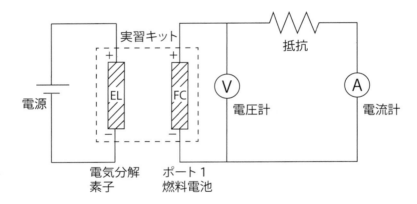

図 8.11: 実験 3 で用いる回路

4. 電源の電圧を 2.0 V に設定し電気分解素子に電圧をかける．電気分解により水素タンクに水素を 30 cm^3 以上，酸素タンクにも酸素を 30 cm^3 以上ためる．水素，酸素が 30 cm^3 以上たまったら電源の出力を切る．

5. 接続ボックスに 1.0 Ω の抵抗を接続する．燃料電池が発電を始め，水素が減少していくはずである．水素が 30 cm^3 になったらストップウォッチで時間計測を始める．このときの電圧値，電流値を測定し記録する．水素が 27, 24, 21 cm^3 の時の時間，電圧値，電流値を記録する．その後，抵抗を接続ボックスから外す．

6. 抵抗を 0.33 Ω に変えて同様の実験を行う．接続ボックスに抵抗を接続し，水素が 19 cm^3 になったらストップウォッチで時間計測を始める．このときの電圧値，電流値を測定し記録する．水素が 16, 13, 10 cm^3 の時の時間，電圧値，電流値を記録する．

7. 抵抗を接続ボックスから外す.

8. 時間に余裕があれば，操作4から操作7を，もう1回繰り返すことで，1.0 Ω と 0.33 Ω の抵抗それぞれについて，2回分のデータを測定する.

表8.2: 燃料電池における水素の消費に要した時間 t と電圧 V，電流 I，電力 P

抵抗 1.0 Ω					抵抗 0.33 Ω				
V_{H_2}/cm^3	t/s	V/V	I/A	P/W	V_{H_2}/cm^3	t/s	V/V	I/A	P/W
30	0				19	0			
27					16				
24					13				
21					10				
平均値					平均値				

後片付け

全ての電気的接続を外す. 実習キットを流し台に持っていき，水を廃棄する. 燃料電池（FC）の正極と負極から伸びているチューブのクランプを2つとも開ける. 電源，デジタルマルチメーターの電源を切る. 全ての実験器具を所定の場所に片付ける.

Section 8.4
問題

●● 8.4.1 問題 1 ●●

実験2の測定結果から電力 $P = VI$ を計算し，有効数字に気をつけて，表にまとめよ（表8.1を参照）. さらに横軸を時間 t，縦軸を生成した水素の体積 V_{H_2} としてグラフを書け. 比較できるように同一座標上に電気分解の電圧が 1.8 V と 2.0 V の測定結果をプロットせよ.

●● 8.4.2 問題 2 ●●

実験2の測定結果を用いて，電気分解の電圧が 1.8 V と 2.0 V の場合のそれぞれについて，本実験で用いた電気分解素子における電気分解のエネルギー効率 η_e^{EL} を求めよ. また，その結果を比較考察せよ.

●● 8.4.3 問題 3 ●●

実験3の測定結果から電力 $P = VI$ を計算し，表にまとめよ（表8.2を参照）. 抵抗が 1.0 Ω と 0.33 Ω の場合のそれぞれについて，本実験で用いた燃料電池のエネルギー効率 η_e^{FC} を求めよ. また，その結果

を比較考察せよ.

●●　8.4.4 問題 4　●●

本実験で用いた高分子電解質膜型燃料電池（PEMFC）で使われている高分子電解質膜（PEM）や触媒について調べよ. 引用元を明記すること.

●●　8.4.5 問題 5　●●

本実験で用いた燃料電池は，PEM を負極と正極で挟んだ構造となっている（図 8.2 を参照）. 燃料電池のエネルギー効率 η_e^{FC} を上げるには，何をどのように改良すれば良いか，Section 8.2 で述べた燃料電池の動作原理をもとに考察せよ.

Section 8.5

参考

●●　8.5.1 燃料電池のエネルギー効率の最大値　●●

この実験で用いた燃料電池は，式 8.3 に示すように水素の酸化（水の生成）によって電気エネルギーを取り出している. 水の生成によって取り出すことのできる仕事の最大値は，水の生成における標準生成ギブズ自由エネルギー $\Delta_f G^\circ(H_2O(l))$ に等しい. よって，標準状態における理想的なエネルギー効率 η_{ideal} は，

$$\eta_{ideal} = \frac{\Delta_f G^\circ(H_2O(l))}{\Delta_f H^\circ(H_2O(l))} = \frac{\Delta_f H^\circ(H_2O(l)) - T\Delta_f S^\circ}{\Delta_f H^\circ(H_2O(l))} = 1 - \frac{T\Delta_f S^\circ}{\Delta_f H^\circ(H_2O(l))} \tag{8.12}$$

となる. ここで $\Delta_f S^\circ$ は標準生成エントロピーで，

$$\Delta_f S^\circ = -163.7 \text{ JK}^{-1}\text{mol}^{-1} \tag{8.13}$$

である. よって標準状態では，

$$\eta_{ideal} = 0.84 = 84\% \tag{8.14}$$

となる. これが燃料電池のエネルギー効率における理論的な最大値である.

●●　8.5.2 燃料電池と化学電池　●●

燃料電池は水素がもつ化学エネルギーを電気エネルギーに変換することができる. では，我々の身近にある乾電池などの化学電池と燃料電池はどのように区別されるのであろうか. 最も基本的な化学電池であるボルタ電池を例として考える. 希硫酸中に亜鉛板と銅板を離して浸すと起電力を生じる（図 8.12）. すなわち，亜鉛はイオン化傾向が大きいためイオンになりやすく，式 8.15 の反応を起こしやすい.

$$Zn \longrightarrow Zn^{2+} + 2e^- \tag{8.15}$$

一方，銅はイオン化傾向が小さくイオンになりにくいため，亜鉛板と銅板を導線でつなぐと，電子は亜鉛板から銅板へと移動する．銅板へ移動した電子は亜鉛よりもイオン化傾向が小さい水素イオンと反応して水素を発生する（式 8.16）．

$$2H^+ + 2e^- \longrightarrow H_2 \tag{8.16}$$

式 8.15, 8.16 からボルタ電池の全反応は，式 8.17 であらわされる．

$$Zn + 2H^+ \longrightarrow Zn^{2+} + H_2 \tag{8.17}$$

式 8.17 は終状態である右辺のもつ化学エネルギーが，始状態である左辺のもつ化学エネルギーよりも低く，その差が電気エネルギーとして取り出されている．すなわち，化学エネルギーが電気エネルギーに変換されていると考えられる．この考え方は，式 8.3 の燃料電池の反応式においても同様に適用することができる．

ただし，化学電池は電池自体が化学エネルギーを保有しているため，電池内のエネルギーを使い切ると電池としての機能を失う．一方，燃料電池は外部から燃料である水素を導入するため，水素を供給し続けることで連続して電気エネルギーを発生することができる．この点において燃料電池と化学電池は異なる機能をもっている．

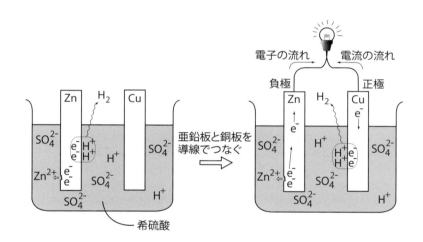

図 8.12: ボルタ電池の原理

●● 8.5.3 参考文献 ●●

[1] 資源エネルギー庁：「平成 30 年度エネルギーに関する年次報告」（エネルギー白書 2019）
[2] 坂本一郎：「これだけ！燃料電池」，秀和システム，2015.
[3] 水谷仁　編：「Newton 別冊　水素社会の到来」，ニュートンプレス，2015.
[4] 工藤徹一，山本治，岩原弘育：「燃料電池」，内田老鶴圃，2005.

IV　科学と文化

課題 9

弦の振動と音楽

Section 9.1
はじめに

●● 9.1.1 音楽に潜む普遍性と多様性 ●●

音楽は，人間の感情や思想などの表現として世界中で用いられてきた芸術の一形態である．音楽の表現形態は，声を使ったもの，楽器を使ったものなど多様である．民族によっても様々に異なり，また時代による変遷もある．

しかし，これらの多様な音楽形態の多くは五線譜上に表現出来る．人間の声は連続的に音の高さを変えることが出来るが，音楽の表現では音程の高さが飛び飛び（離散的）になっている．このように，音楽には民族や時代を越えた普遍性が存在する．この普遍性を生み出すものは，自然法則の普遍性である．音楽には民族や時代による多様性と自然法則に由来する普遍性の両面を見ることが出来る．

●● 9.1.2 この課題で学ぶこと ●●

この実験ではまず，私たちの日常生活に潜む自然科学の普遍性を，具体的な実験と解析を通して直感的に理解することを試みる．科学的な視点を持つことで，特別な実験装置がなくとも身近な対象から自然法則への理解を深められるのである．むしろ，日常の何気ない現象からその背後にある自然法則を見いだすことに，オリジナルな科学的想像力が見いだされるだろう．

科学的な議論は，比較文化論など通常「文科系」に分類される学問にも結びつく．文化と自然科学の関係や社会の中での自然科学の役割を考えるには，科学の普遍性と同時に科学の適用限界の把握が不可欠になる（科学哲学の視点）．そこで，本課題では音楽の普遍性と多様性を具体例として，**科学の普遍性と文化の多様性の関係**を考察する．

この課題では，音楽を単に「物理」または「理科」という一教科の素材として見るのではなく，むしろ総合科学の格好の対象（現象）と捉え，想像力をフルに活用し，周囲のメンバーとの**会話を通した学びの機会とする**ことが望まれる．

●● 9.1.3 実験の概要 ●●

実験を通して，弦楽器であるギターを題材とし自然法則と音楽の関係について学ぶ．ギターのように両端が固定されている弦を弾くと，ある特定の音（振動）が出る．この音は，弦の長さ，弦の張り方(張力)，弦の太さや材質によって変わる．

この課題の一週目では，ギターを用いた実験を二つ行う．実験1では，弦の長さと音の高さ (周波数) の関係を調べ，波動力学の初歩を学ぶ．弦に生じる振動は一般に一つではなく，周波数の異なる複数の振動（モード）の重ね合わせとなっている．このモードの重ね合わせについて，実験を通して体感すると共に，スペクトラム・アナライザを使ってある程度定量的にとらえることを試みる．

実験 2 では，ギターの弦を特定のモードで振動させる奏法を習得し，楽器の音色や音階成立の過程と振動モードとの関係について調べる．この二つの実験を元に，科学と音楽（文化）の関係を考察する．

二週目では，一週目で行った実験に関連したトピックスについてグループ・ディスカッションを行う．ディスカッションを通し，この実験の目的の一つである会話を通した学びの機会とする．

関連テーマ：音階，弦の振動，量子化（物理），音程の生物学的分解能（生物），フーリエ解析（数学），純正律と平均律音階（数学, 比較文化論），音の知覚（生理学, 心理学, 脳科学）等．

Section 9.2
実験の原理

弦の中央を弾いた時と，端を弾いた時とでは音の感じ（音色）が異なる．一本の弦には，様々な高さ（周波数）の単純な音（振動）が同時に含まれている．この複数の周波数の振動それぞれの振幅の大きさが異なると音色が異なり，数学・物理学の言葉ではフーリエ級数展開として説明できる．

楽器にはピアノやギターの様に飛び飛びの高さの音を出す物と，トロンボーンやバイオリンの様に連続的な高さの音を出せるものがある．しかし，西洋音楽に限らず多くの音楽は楽譜（例えば五線譜）として書かれている．この飛び飛びの音は音階と呼ばれ，国や地域による違いあるいは時代と共に派生していく等，様々な音階が存在している．

音階が存在することの背後には，自然科学の言葉で説明できる何らかの普遍的原理があることがうかがえる．一方，様々な音階があることは，文化や歴史の違いなどの多様性を示している．

●● 9.2.1 定常波と振動モード ●●

弦に生じる振動を，単純な振動に分解して描いたのが，図 9.1 である．各 n のモードに応じた周波数は，以下の式で表せる．

$$f_n = \frac{n}{2L}\sqrt{\frac{F}{\sigma}} \tag{9.1}$$

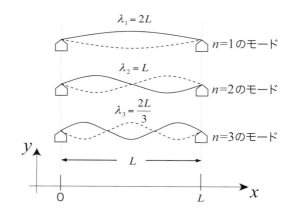

図 9.1: 両端が固定された弦の振動を分解して表示した図．振動の"腹"（一番ゆれている場所）の数がモードの番号に対応している．λ は波長，L は固定端間の距離である．ここでは，$n = 3$ までのモードしか示していないが，実際に弦に生じる波はより高次のモードを含む複数のモードの重ね合わせになっている．なお，人が音の高さとして認識しているのは，モード $n = 1$ の周波数の波である．

ここで，f_n は周波数 [Hz]，L は振動している弦の長さ [m]，F は弦の張力 [N [1] (= kg·m/s^2)]，σ [2] は単位長さあたりの質量（線密度 [kg/m]）であり，n は自然数 $(1, 2, 3, \cdots)$ である．

式 (9.1) の n の異なる多様な波が，一本の弦の中に同時に含まれていて，その割合によって音色が決まってくる．音の波形（強度を時間の関数で見たもの）をオシロスコープなどで観測してみると，同じ楽器を用いて同じ高さの音でも弾き方によって音色が．また，同じ高さの音でも楽器によって音色が異なる．音色の違いは，波形の違いである．

[1] 読みはニュートン．アイザック・ニュートンにちなむ．

[2] 読みはシグマ．高校数学では和を示すのに使われている大文字 Σ の小文字である．高校でも数学や物理などで幾つかのギリシャ文字を見たことがあるだろう．ギリシャ文字は記号として今後も頻繁に見かけるはずである．したがって，付録 B.3（ページ 160）にある表を見てギリシャ文字を覚えておくことを勧める．

　両端を固定された弦に生じる定常波の空間的な形は，弦の（止まっている時に比べた）垂直方向への変化（振れ）の大きさを y，波の伝わる方向（弦の方向）を x としたとき，三角関数を使って表される．

　いま，弦の一端（$x = 0$）が固定されている条件（$y = 0$）を常に満たす三角関数は $y = \sin kx$（k は定数）である．さらに，弦のもう一方の端 ($x = L$) が常に固定されている条件 ($y = 0$)，すなわち $x = L$ と $y = 0$ を先ほどの $y = \sin kx$ に代入すると，$kL = n\pi$ から，$k = n\pi/L$ となる．これらの議論から一般に，両端を固定された長さ L の弦の振動は，次の形になることが分かっている．

$$y = y_1 + y_2 + y_3 + \cdots,$$

$$y_n = A_n \sin\left(\frac{n\pi}{L}x\right)\cos\left(2\pi f_n t\right). \tag{9.2}$$

　ここで，A_n は波の振幅，L は弦の長さ，f_n は式 (9.1) の周波数，t は時刻である．一般に弦に発生する振動は $n = 1, 2, 3, \cdots$ という複数の振動要素が混ざったもので，振動要素の一つ一つを n で区別して**モード**と呼ぶ．$n = 1$ の振動は**基本振動**，$n \geq 2$ の整数倍の振動は**倍音**と呼ばれる[*3]．図 9.1 は $n = 1, 2, 3$ のモードを示している．一つの弦に沢山の振動モードが同時に混ざっていることを波の「重ね合わせ」と呼ぶ．

　この式から $x = mL/n\,(m = 1, \cdots, n-1)$ の位置は（$\sin\frac{n\pi}{L}x = 0$ を満たすので），定常波の振幅が常に 0 となる．これを振動の**節**と呼ぶ．たとえば，$n = 2$ のモードの場合，$x = L/2$ の場所で常に振幅 $y_2 = 0$，すなわち節となることが分かるだろう．

●● 9.2.2 スペクトラム・アナライザ ●●

　前小節で説明したように，基本振動にどのような割合で倍音が含まれているかが音色を決めていている．入力した波形からどのような倍音（周波数成分）が含まれているかを解析し示す装置として，スペクトラム・アナライザ[*4] がある．

　性能に応じて様々な価格帯[*5] のスペクトラム・アナライザがあるが，人の可聴範囲の音についてはスマートフォンやタブレットそして PC 等のフリー・アプリケーションとして手に入れることが出来る．

　図 9.2 は，ギターの波形をサンプリング[*6] したものである．図 9.2 (a) は，ギターでオクターブ 2[*7] の「ド」の音を鳴らしたときに波形（強度の時間変化）である．スペクトラム・アナライザを使い，その音の周波数成分の強度分布（デシベル[*8] 表示）を示しているのが図 9.2 (b) である．このスペクトラ

[*3]普通，音の高さ（周波数）という時には，$n = 1$ の基本振動を指す．

[*4]略して，スペアナ，と呼ばれる．

[*5]測定機器として売られているものでは，数万円から数百万円程度．

[*6]これらのグラフは，キャプチャ機能を利用してアプリケーションの画面を得，その上に軸の目盛り，ラベル（数値），タイトルを追加している．細かい話になるが，どうやったか興味がある人がいるかもしれないので以下に手順を説明する．
　　i) 最初に iPad を USB-C や Lightning ケーブルで Mac に接続する．
　　ii) Mac 側で QuickTime Player を起動，「ファイル」＞「新規ムービー収録」を選択．
　　iii) 録画用のウィンドウが開いたら，赤い丸の録画開始ボタン横の矢印をクリックして，iPad をビデオソースとマイクソースとして選択．
　　iv) n-Track Tuner を iPad で立ち上げ，Mac 側で QuickTime Player の録画を開始しギターを弾く．
　　v) 記録した動画は，QuickTime Player で再生し，記録したい所で一時停止，スクリーンキャプチャの機能で画像として保存し，加工することで (b) の図とする．
　　vi) また，iMovie で動画から音声を切り離し，音声だけを wav ファイル形式で保存．
　　vii) wav ファイルを Audacity （Mac, Windows, Linux 等で動作する）というソフトで表示させ，見たい範囲をスクリーンキャプチャの機能で画像として保存し，加工して (a) の図とした．

[*7]1 オクターブ音階が上がると周波数は二倍になり，1 オクターブ下がると周波数は 1/2 になる．ピアノの真ん中になるドの音がオクターブ 4 のドの音である．五線譜上では，図 9.4 の 4C と書いてある場所の音になる．

[*8]デシベルの記号は dB である．ある基準に対する比を底が 10 の常用対数を取ってものが B (読みはベル) で，それを 10 分の1 にしたものが dB である．デシ (d) は，小学校で習ったデシ・リットルなどで使われているものと同じである．音圧の場合には基準が決められており，任意の相対値ではない．音圧の場合のデシベルの定義は自分で調べてみよう．

ム・アナライザは，楽器のチューニングに使用できるアプリケーション n-Track Tuner [*9] に含まれる機能を使ったものである．

　チューナーは基本振動を探し出して，どの音階[*10] に近いかを示してくれる．この例では，下向き三角で示された場所が基本振動の周波数であり，「ド」の音（記号では C）[*11] にあたることを示している．

　基本振動の，2 倍，3 倍，・・・ のように，この例では 10 倍程度までの倍音に対応するピークが見えている．強度に対応するのが，式 (9.2) の A_n である．

　スペクトラム・アナライザで音を観測していると，音を鳴らした直後のスペクトル（強度分布）が時間の経過と共に変わっていくことが観測出来る．これは音色が時間と共に変化していることを意味しているが，音色の変化を感じられるかどうかは人によって異なる．音の知覚に個人差があることは，多様性にも繋がり興味深い．

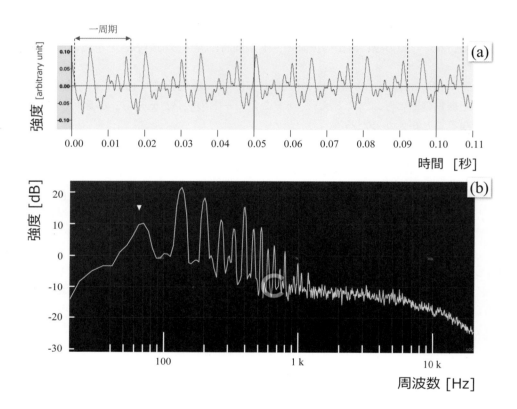

図 9.2: 音の波形 (a) と周波数の強度分布 (b)．どちらもギターでオクターブ 2 の「ド」の音（65.4 Hz）を鳴らしたときの分布である．上の図 (a) は，横軸が時間（単位は秒）で縦軸が音の強度（大きさ，単位は任意単位）を示している．図中に表示した点線間を一周期とする波が繰り返されている．また，0.10 秒間に約 6.5 周期あり，1 秒間に約 65 周期あるということから周波数の定義（x [Hz] = 1 秒間に x 回の繰り返しがある）から，この波の波形の目測から約 65 [Hz] と求められ，鳴らした音と概算で一致していることが分かる．下の図 (b) は，横軸が周波数（対数表示）で縦軸は音の強度（音圧レベル）をデシベル表示にしたものである．基本振動と多くの倍音が確認できる．

[*9]このアプリケーションは，iOS, android OS どちらにも供給されている．興味があれば，ダウンロードしてこの課題とは関係無く色々遊んでみて欲しい．

[*10]いわゆる，ドレミファソラシ．

[*11]音階の表現では，あるオクターブの間にある音をドレミファソラシ，と名前で呼ぶ場合とそれに対応する記号 C D E F G A B（それに対応した和名）を使う場合がある．それらの対応については，表 9.1 にまとめてある．ここで，何故記号の始まりとオクターブの境目が異なっているかが気になるだろうが，自分で調べて欲しい．

●● 9.2.3 ギターの音階 ●●

ギターの基本調律を図 9.3 に示す．図 9.4 はギターの開放弦の音と各オクターブの始まりのドの音を楽譜[*12][*13] に示したものである．

通常の最低音は第 6 弦の開放弦ミ (2E) であり，65.4 Hz のド (2C) より 3 度[*14] 上となる．最も音の高い第 1 弦の開放弦の音はミ (4E) であり，440 Hz のラ (4A) の 4 度下である．

国際的に広く用いられている**平均律**では，1 オクターブ（ドから次に高いドまでの間）を等比数列で 12 等分して音階を作っている[*15]．1 オクターブ音が高くなると周波数は 2 倍となるから，平均律においては隣り合う音（半音）の周波数比は $2^{1/12}$ となる．オクターブの始まりはドの音であり，同じオクターブ内のシの次は，次のオクターブのドである．

音階（音律）は平均律だけではなく他にもいくつかあるが，この課題では実験 2 で平均律と純正律を比較する．**純正律**は，各音の周波数の比が整数比で表される音階である．

12 個の音名と記号を表 9.1 にまとめた．平均律の場合には，表の中で同じ音でシャープとフラットの着いているものがあるが，この二つ同じ周波数になる．一方，純正律では一般にド♯とレ♭等の周波数は異なる．

図 9.3 と 9.4 に示したアルファベットの前の数字はオクターブの違いを表わしている．図 9.3 に示すように第 5 弦の開放弦ラ (2A) の音は，国際的な約束で 110 Hz を標準としている[*16]．

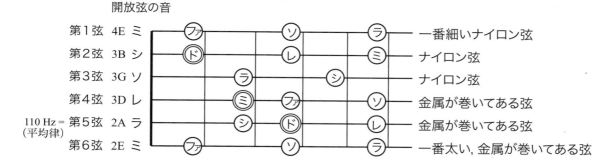

図 9.3: ギターの基本調律での各弦を開放弦として引いたときのオクターブと音の記号が示されている．○で囲まれた音名はこの部分を押さえた場合に弦を弾いたときの音．◎で囲まれた音名はドミソを押さえる位置（第 2 弦のド：人差し指，第 4 弦のミ：中指，第 5 弦のド：薬指）．ソはこの場合，第 3 弦を押さえずそのまま弾く．

[*12] ト音記号で示された上部の高音部五線譜表とヘ音記号で示された下部の低音部五線譜表を合わせたものを大譜表という．高音部の下第 1 線と低音部の上第 1 線は，同じド (4C) の音を表す．

[*13] 楽譜の読み方は，日本では義務教育で習っている．復習のために説明する．音がドからレミファソラシと上がっていく場合，ドの音が線上にあるとレの音は「ドの音のある線と，その一つ上の線との間」に書く．ミの音は，ドの上にある線の上に書く．つまり，線と線の間隔の半分ずつ移動していく．

[*14] 同じ音同士を 1 度と呼ぶ．ドの音を基準としたとき，ドとレの音の高さの違いを "2 度"，ドとミの音の高さの違いを "3 度"，以下 ファ，ソ，ラ，シ について，4，5，6，7 度という．

[*15] 1 オクターブの間にあるギターのフレット数やピアノの鍵盤数（白鍵＋黒鍵）を数えてみよう．

[*16] 実際には 2 オクターブ上のラ (4A = 440 Hz) が標準として採用されている．ただし，実際の演奏会等ではこれと異なる周波数が採用されることが少なくない．また，ラモーなどのフランスバロック音楽では 392 Hz というフレンチピッチも用いられる．

表 9.1: オクターブに含まれる日本で一般的に使われている音名と対応する記号，そして和名．低い音から高い音の順番で左から右に並べてある．表中の音名で一つ右に行くと半音上がる．♯（シャープ）及び "嬰" は半音一つ上がることを意味し，♭（フラット）および "変" は一つ半音下がることを意味する．ここで音名と呼んでいるのは，イタリア・フランス・スペインで使われている音名の表記である．記号とあるのは，イギリス・アメリカ・ドイツ式の表記になっている（ただし，ドイツ式では B の代わりに H を用いる）．和名は ABCDEFG をイロハニホヘトに当てはめたものであるが，音階を表現するときにはもはや使われていない．しかし，ト音記号やヘ音記号，ト長調やヘ短調等として和名が使われている．

音名：	ド	ド♯ / レ♭	レ	レ♯ / ミ♭	ミ	ファ	ファ♯ / ソ♭	ソ	ソ♯ / ラ♭	ラ	ラ♯ / シ♭	シ
記号：	C	C♯ / D♭	D	D♯ / E♭	E	F	F♯ / G♭	G	G♯ / A♭	A	A♯ / B♭	B
和名：	ハ	嬰ハ / 変ニ	ニ	嬰ニ / 変ホ	ホ	ヘ	嬰ヘ / 変ト	ト	嬰ト / 変イ	イ	嬰イ / 変ロ	ロ

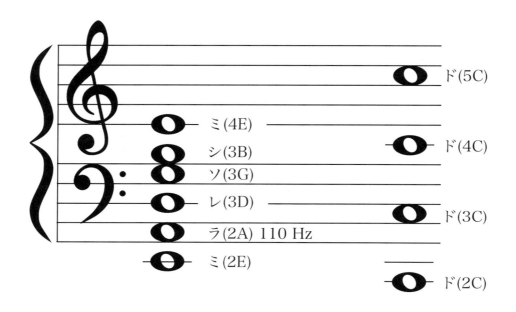

図 9.4: ギター各弦の開放弦（フレットを押さえないとき）に鳴らした音と，各オクターブでのドの音を全音符で五線譜に示した．基準となる音がオクターブ 4 でのラの時，第 5 弦の開放弦での音の周波数は 110 Hz となる．上側の五線譜の左端にあるのはト音記号，下側の五線譜の左端にあるのはヘ音記号と呼ぶ．ト音記号の真ん中あたりで渦を巻いているところが書き始めで，上にいって戻って来た線が渦の中心と交差している場所にある五線譜の位置が「ソ (4G)」であることを示す．ヘ音記号は二つの黒点の間にある音が「ファ (3F)」になることを示している．なお，一般的にはト音記号がある五線譜とヘ音記号がある五線譜は離して書かれているが，ここでは連続的に楽譜が読めるように配置している．ト音記号もヘ音記号も一般的にはこの図に示してある場所に置いてあるが，**記号の位置をもって音の場所を表すことを覚えておこう**．つまり記号の位置は移動しても良いし，そもそも記号がなければどこにどの音があるか定義できない．五つの線はあくまでもガイドであるので，ト音記号など（音部記号と呼ぶ）が無く五線譜だけの物には**意味がない**．

Section 9.3
実験 1 弦の振動

弦楽器であるギターを題材として自然法則（普遍性）について学ぶため，実験1では弦の長さや張力と音の高さ (周波数) の関係を調べる．長さや張力を変えた時，音の高さはどのように変化するだろうか．

●● 9.3.1 実験器具 ●●

実験1では，クラシックギター，巻き尺（メジャー），スペクトラム・アナライザを使う．なお，本実験のギターは右利き用である．左手でフレット（指板）を押さえ，右手で弦をつま弾く．

> ギターはデリケートな楽器なので丁寧に扱うこと．特に表面板は傷が付きやすい．

ギターは，図 9.5 に示すように大きく分けてボディとネックから構成されている．ボディは弦に生じた音を共鳴させるためのものである．ネックには，弦の張力を調整する糸巻き（ペグ）と弦が振動する長さを変えるためのフレットがある．

スペクトラム・アナライザは，App Store, Google Play 等であらかじめスマートフォンやタブレット[*17]にダウンロードしておこう．使うスペクトラム・アナライザは，図 9.2 で用いた n-Track Tuner であれば担当教員は使い方を説明出来る．それ以外を使いたい場合には，授業が始まる前に自分で使い方をマスターしておいて欲しい[*18]．

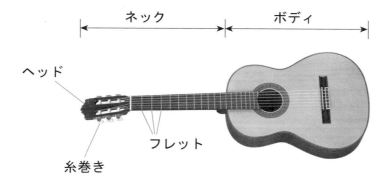

図 9.5: ギターの概略図．各部分の名称を示してある．

[*17]「令和 2 年通信利用動向調査/ 世帯構成員編」（総務省）によると，スマートフォン保有率は，13 歳から 19 歳で 93.1%，20 歳から 29 歳で 5.7%，である．この実験課題は二人一組で行う．仮に少なめの保有率として 1 割の学生が保有していないとして二人とも持っていない可能性は 1%．つまり，少なくともどちらか一人がスマートフォンかタブレットを持っている確率は 99% となる．少ない可能性であるがゼロではないので，実験ペア二人とも持っていない場合は，授業開始前に授業担当教員に申し出て欲しい．実験ペアの組み合わせを変える等の対処を行う．

[*18]知らないものや使ったことの無いものを教えることが出来る人は，居ない．

●●　9.3.2 実験方法　●●

実験1で行う五つの項目を以下に示す．なお，本文中に下線が引いてある箇所は，レポートの「結果」の章に記述が必要な箇所である．

1. 図 9.6 に示してあるように，ギターを演奏するときの標準的な持ち方をする．ギターの弦を指で弾き，弦全体の振動の様子を観察する．振動の様子は，図 9.1 を参考にノートに記録し，レポートにも図示する．第6弦（最も太い金属弦）を親指で弾くと，振動が大きくなるため観察しやすい．時間とともに振れ幅は小さくなるものの，弦全体がほぼ一定の形で振動する様子が観察できるだろう．この波を「定常波」という．

2. 糸巻き（ペグ）を回すと，音の高さが変わることを確かめる（一回転以内）．張力（弦を引っ張る力）を変化させると，音の高さ（周波数）は上がるか下がるかを確認する．

3. ギターのフレット（図 9.5 参照）を左手の指で押さえ弾いてみる．弦を左手の指で押さえることで，実際に振動する弦の長さが変わり，音の高さが変化する．弦の長さを短くするようにフレットを押さえる場所を変えていくと，音の高さは上がるか下がるかを調べる．

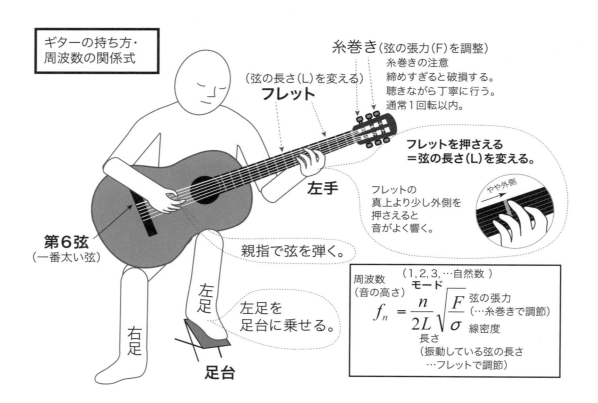

図 9.6: ギターの持ち方を説明している図．音をよく響かせるために持ち方は最適化されている．ギターの音を鳴らすときは，この図にある持ち方に従うこと．また，演奏者は弦の張力を変えるときには巻きすぎて弦を切らないように注意すること．このとき演奏者以外は弦の長さよりも十分遠い場所に居るようにする．万が一弦が切れた場合，一番怖いのは切れた弦が目に入り失明することである．

4. 巻き尺（メジャー）で弦の長さ（弦長）を調べ，振動する部分の弦の長さが半分になるように指で押さえて弾いてみよ．その時生ずる音の高さと，同じ弦を指で押さえない（開放弦）で弾いたときの音の高さはどのような関係にあるか，2つの音を聞き比べて結果を記す．また，式 (9.1) から，2つの音の周波数の関係を求める．

5. 弦の中央をはじいた時と，端を弾いた時とでは音の感じ（音色）が異なるだろう．どのように異なるか，自分の耳で確かめた結果を記す（自らの主観に基づく記述で構わない）．また，スペクトラム・アナライザを使い周波数の強度分布を比較する．目で確認するだけでなく，スクリーンショットの機能を使うなどとして分布を画像として残す[19]．

●●　9.3.3 考察　●●

　ここで調べた弦の張力，長さと音の高さの関係（実験手順の 2–4 の項目）は，原理の章で述べている式 (9.1) を満たすことがこれまでの研究で知られている．この式は，ここまで実験で調べた結果を矛盾なく説明するだろうか．実験結果と式 (9.1) を具体的に比較し定性的に議論せよ．

　音色と波に含まれる倍音成分（振動モード）の関係について，実験結果から自由に議論せよ．この課題の一週目（表の回）では，実験手順で示した五番目の項目でこの考察に関連するギターを用いた実験を行っている．

　さらに考察を深めるために，二週目（裏の回）までに自分で様々な楽器を鳴らして[20] スペクトラム・アナライザで観測しておこう．裏の回では，レポートで考察の章に記述する内容の元になるように，スペクトラム・アナライザで観測した結果と音色の関係について複数のグループに分かれて議論をしてもらう．

●●　9.3.4 実験１と実験２のつながり　●●

　今学んだ振動モードは，国を超えた音楽の普遍性と同時に，楽器の持つ多様な音色や民族による音階の違いを理解する基礎になる．そこで次の実験 2 では，音階や音色と振動モードの関係をより深く理解するためにギターを使った実験を通して見ていこう．

---

[19]沢山の画像を残していくと，記録した画像がどのような条件で実験したかをあとで思い出すことはほぼ不可能である．そのような事態をさけるために，画像を記録する前にどのような条件でおこなった実験であるかをノートに記録し，実験を行った日時をノートに記録することが重要である．

[20]実際には，自分で楽器を持っている人はそんなに多くないだろう．Youtube などの動画共有サイトを探せば，様々な楽器の音源が見つかるであろう．自分で積極的に情報収集をして欲しい．

Section 9.4
実験 2　音楽と科学

●●　9.4.1 実験器具　●●

実験 2 では，クラシックギター，巻き尺，楽器調律用チューナー，関数電卓を使う．
　チューナーはこの実験用に用意してあるチューナー[21]（図 9.7 [22]）を用いる（実験 1 で使ったアプリにチューナー機能があってもそれは使わない）．

　関数電卓は，平均律での音の周波数を計算するために用いる．各グループに一つずつ関数電卓を用意しているが，べき乗が計算できるのであればスマートフォンの関数電卓アプリでも構わないし，google の検索機能などウエブで調べても構わない．

●●　9.4.2 実験方法　●●

実験 2 は下記の手順で進めて行く．

1. 弦のチューニング
2. 共鳴現象によるチューニングの確認
3. ハーモニクス奏法によるモードの選択
    (a) 弦に触れる位置と振動モード
    (b) 弦の振動に含まれるモード
    (c) 弦を弾く位置と振動モード
4. 純正律と平均律との比較
    (a) ハーモニクス奏法でつくる音階
    (b) 純正律と平均律の定量的な比較
    (c) 耳による純正律と平均律の比較

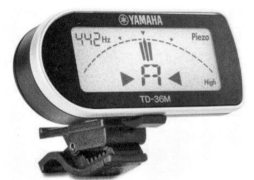

図 9.7: ギターのチューニングに使う YAMAHA TD-36M の外観（YAMAHA のウエブページから写真を引用．）．液晶画面の左上には，基準となる A の周波数が示されている．この例では 442 Hz であるが，440 Hz に合わせて使用する．右上の Piezo は音の入力にピエゾ素子を使っていることを示す．下側中心に表示される音名の記号は，弾いている音に近いとチューナーが推測した音である．弾いている音が推測したよりも高いと，音名の上にあるメータが右側（High と表記された側）に振れる．低いときは左側に振れる．ちょうど合っていれば，この写真の様にメータが真ん中に来て，音名の左右に内向きの三角形が二つ表示される．なお，オクターブの数字は表示されない．

以下にそれぞれの項目について詳しい説明を行う．なお，本文中に下線が引いてある箇所は，実験 1 と同様に自分の実験ノートに記録するだけでは無くレポートの「結果」の章に記述が必要な箇所である．
　実験 2 は項目が多いため，レポートの「考察」の章で議論すべき場所には，二重下線が引いて分かりやすいようにしている．考察はレポートを書く段階になって考えるのではなく，授業中に考えて教員・TA の意見を聞くこと．考察した内容について，**ノートへの記録**を行う．

---

[21]一般的なマイクは空気の振動を通して伝わった音を拾う．一方，この実験でチューナーを使うときには，楽器の筐体の振動がこのチューナーの筐体に伝わり内部にあるピエゾ素子を使って音を拾うようにする．そのため，このチューナーは楽器の筐体に取り付ける．

[22]写真の引用元は，YAMAHA のウエブページ．URL は，
https://jp.yamaha.com/products/musical_instruments/winds/accessories/tuners/td-36ms/features.html
（2022 年 9 月閲覧）

1. 弦のチューニング（調弦）

　楽器用チューナーを用いてギターの弦の調弦（チューニング）を行う．開放弦（フレットを指で押さえていない状態の弦）の音について，YAMAHA TD-36M を使い，以下の手順に従う．

(i) チューナーのクリップでギターのヘッド（糸巻きのついた部分）を挟む．

(ii) チューナー裏側の STANDBY/ON スイッチを押して液晶画面を表示させる．

(iii) 液晶画面の左側に "440Hz" と "Piezo" という表示があることを確かめる[*23]．

(iv) 第1弦から第6弦までのチューニングを順に行う．目的とする弦を（左手の指で弦を押さえずに）弾き，図 9.3 の対応する音名（A, B, D, E または G）が表示されると同時に，チューナーの針が中央に来るよう糸巻き（ペグ）を調節する．

> 糸巻き（ペグ）は何回転も回してはいけない．
> 締めすぎると，弦が切れてケガする可能性がある！
> チューナー（機械）だけに頼らず，図 9.3 の基本調律を参考に，音の高さを自分の耳で確かめながら糸巻きを締める．分からないときは，友人や TA・教員に尋ねること．

(v) 調弦が終わったらチューナーを外し，電源を OFF にする．

(vi) 図 9.3 を参考にして各弦が **ド ミ ソ** となる位置を指でしっかりと押さえ，同時に弾いてみよう．きれいな**和音**が聞こえるだろうか？

2. 共鳴現象によるチューニングの確認

(i) 第6弦の5フレット目[*24]だけを指で押さえてラの音を出し[*25]，第5弦（の開放弦）と共鳴することを確かめ，振動の様子を観察する．チューニングが成功していれば，うまく**共鳴**するはずである．図 9.6 の『ギターの持ち方』に従い，弾いた本人が観察すると共鳴の様子がよく見える．

(ii) 左指で第5弦の7フレット目（ミの音）を押さえ，強めに弾く．この時 共鳴によって第6弦に生じる振動を観察し，スケッチする．どのような振動が生じているか，節や腹の位置はどこかを調べる．目で見る以外に節と腹の位置を確かめるにはどうしたら良いか，工夫した点をノートに記録する．第6弦で観察される振動モードは，図 (9.1) のどれか？ どの様に振動モードを同定したか，思考を説明すると共に，その振動モードは何か "n" の値で答える．

　本実験ではチューニングに，平均律に基づく楽器用チューナーを用いているが，一般には様々な方法がある．

- 音叉などから生じる基準音を用いて，特定の弦（例えば第5弦）を合わせ，そのあと前後の弦を相対的に合わせていく．例えば，第5弦の5フレット目のレの音は，第4弦の開放弦と同じ音である．

- 次に述べるハーモニクス奏法で作られる音を応用する．

[*23]違っていた場合には，教員や TA に申し出て設定を変えてもらう．

[*24]開放弦から半音5つ分高い音が出る．

[*25]図 9.3 のようにフレットの少し手前（左）を押さえることで，弦はフレットに押しつけられて固定端が形成される．

3. ハーモニクス奏法によるモードの選択

　弦楽器の奏法の一つに**ハーモニクス（harmonics ＝ 倍音）奏法**[26] と呼ばれるものがある．以降の実験のため，この奏法を習得する．

　図 9.8 に従って，コツを覚えよう．うまくいかない場合は，教員や TA に見本を見せてもらうのが良い．

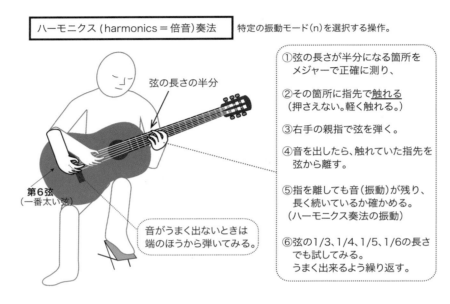

図 9.8: ハーモニクス奏法の弾き方の説明した図．図中の右側にある囲みの中にある手順で練習し，この奏法を習得しよう．

3. (a) 弦に触れる位置と振動モード

　ハーモニクス奏法は，物理的には図 9.1 で特定のモード (n) だけを選択する操作に対応する．左手の指は，弦振動の「節」を作る目的で触れている（節とならない振動モードは減衰するため，結果として特定のモードだけが残る）．

- (i) 弦長の 1/2 の位置に触れた場合のハーモニクス奏法を行い，<u>弦が節の左右両側で（弾いた側の反対側も）振動していることを目で確かめる．このとき弦に生じている振動モードの n の値はいくつか．振動モード n と，フレット上の指の位置を含めた弦全体の振動の様子（絵）の両方で答える．</u>

  - 振動が大きく見える第 6 弦（一番音の低い弦）を用いると分かりやすい．

- (ii) 弦長の 1/3, 1/4, 1/5, 1/6 の位置に触れて弾いたハーモニクス奏法で生じる振動はどのようなものか？それぞれの場合の振動モードを，これまでの実験を基に予想し，n の値で答える．

- (iii) <u>これ以外に指で触れることでハーモニクス奏法が可能となる場所があるか？　実際にギターで試し，その位置を記録する（</u>例えば，1/5 の位置に触れて生じるハーモニクス音と同じ音を生じる場所が，同じ弦の他の場所にもある）．

---

[26]バイオリンの奏法では，フラジオレットと呼ぶ．フラジオレットという縦笛があり，その名に由来している．

3. (b) 弦の振動に含まれるモード

　ハーモニクス奏法を応用し，弦に生じる振動が複数の単純な振動（図 9.1 の一つ一つの振動モード）が組合わされたもの（波の重ねあわせの原理）であることを確かめる．

(i) 左手の指を弦から離してギターの弦を弾く（開放弦）．

(ii) その少しだけ後，先ほどハーモニクス奏法でクリアーな音が出た場所に左手の指で静かに軽く触れてみる．音量は小さくても，ハーモニクス奏法で響いたのと同じ響きがするはずである．

(iii) 弦長の 1/2 の位置でうまく出来るようになったら，他の場所でも試してみよ．

　この実験は，1 本の弦に生じている複数の振動モード（$n = 1, 2, 3, \cdots$）から，左手の指が「節」を作ることで，特定の振動（モード）を選択的に残していることになる（フィルター操作）．この素朴な実験から，一つの弦の中に多種類の振動モードが同時に生じていることが理解出来る．

　特殊な装置を使わなくても "科学" は出来ることを強調したい．管楽器奏者などはこの仕組みを巧みに操り，音を変えている．

　この手順により，ギターの一つの弦の中に，複数の振動が同時に含まれていることが分かる[27]．この性質が，ギターの音色の豊かさや自然発生的に音階が生ずる原理と直接関係している．

3. (c) 弦を弾く位置と振動モード

　これまでの知見から，ハーモニクス奏法を行うときに弦を右手で弾く位置によっては音が出ない場所があることが予想される．それがどこであるかを，実際に実験を行って確かめる．

(i) 左手で弦に触れる場所を弦長のヘッド側から 1/3 または 1/4 の，ハーモニクス奏法でクリアーな音が出る場所に固定する．

(ii) 右手で弦を弾く位置を変化させ，音が出なくなる場所と最も大きな音が出る場所を探す．

(iii) 図 9.1 を参考にして，弦の振動の様子をノートに記録し，それぞれの場合の右手と左手の指の位置を図示し，音が出なくなる理由を考察せよ．

　このような特定の場所で音が生じなくなることを避けるために，弦楽器奏者がハーモニクス奏法を行うときには経験的に弦の端に近いところを弾いている[28]．

---

[27] このような性質を数理的に議論する手法をフーリエ解析と呼ぶ．（自然）現象が先にあってこの理論が生まれた．

[28] 周りに，交響学部やマンドリン学部の部員など弦楽器奏者がいればに尋ねてみよう．あるいは，機会があれば演奏会で観察してみよう．別の方法としては，動画共有サイトで演奏している動画が見つかるかもしれない．

4. 純正律と平均律との比較

　音階成立の原理を知るため，一つの弦に同時に生じている音（倍音）を調べよう．

4. (a) ハーモニクス奏法でつくる音階

(i) 糸巻き（ペグ）を左に見て，一番手前の弦（第6弦．ミ (2E) の音がする一番低い音の弦）をさらにゆるめて，ミより3度低い音，ド (2C) に調弦しなおす．

(ii) 時間の経過とともに調弦した音の高さは変化するので，他の5本の弦を再調弦する（第1弦〜第5弦は図 9.3 の調律を変更しない）．

(iii) もう一度第6弦に戻り，ドに**正確に調弦されているか**確かめる．

(iv) 先ほど覚えたハーモニクス奏法を，開放弦がド (2C) に調律された第6弦で行ってみる．式 (9.1) の $n = 2, 3, 4, 5, 6$ の振動（倍音）を弦長の $1/2, 1/3, \cdots, 1/6$ の位置に触れるハーモニクス奏法で作る．

(v) 第6弦のハーモニクス奏法で作られた振動の「音の高さ（音名）」を，次のいずれかの方法で調べる．

(a) 第1弦から第5弦までを使った普通の奏法[29]で生じる音と比較する（弾き比べる／聞き比べる）（図 9.3 を参照）．

(b) チューナーで音の高さを調べる．

(c) 実験室にあるピアノを利用し，音の高さを調べる．

　$n = 1$ のドとあわせて，$n = 6$ の音までの6個の音階の音名を（ドレミ … およびオクターブの数字と音の記号を用いて）列挙し，記録する．図 9.9 に示した楽譜を Sample の文字を除いてノートに写し，音階の場所を図 9.4 を参考にして楽譜上に記入する．

(vi) ハーモニクス奏法で作った6個の音を同時に鳴らすと，ある性質が見つかる．どのような性質か，音楽用語を用いて述べよ[30]．

ド (2C)　65.4 Hz

図 9.9: この図を参考にノートに五線譜を書き，基本振動の 2C の音と倍音系列（$n = 2$ から $n = 6$ の倍音（モード）の音をノートに記録せよ (この図は見本であり，教科書に音符を書き込んではいけない)．また，レポートにも図として載せる．五線譜だけでは意味がなく，ト音記号やヘ音記号が無いと音の高さが表せないことを忘れないように．

---

[29] 左手の指で弦をしっかりとギターの板に押し付けて弾く奏法．軽く触れるだけのハーモニクス奏法とは異なる．

[30] ギター一つで6個の音を同時に鳴らすのは無理だが，ピアノであれば出来る．ピアノで弾いてみよう．分からない場合には「弦のチューニング（調弦）」を読み返そう，中学校までで習う誰でも知っている音楽用語である．

表 9.2: 自然音階と平均律を定量的に比較した表のフォーマット. 65.4 Hz をオクターブ2の「ド」にしたときの自然音階（ $n=6$ まで）の周波数と, 対応する平均律での周波数, それらの比を表としてノートに記録する. また, 周波数を計算するときは章9.9を参考にし, 有効数字をきちんと考えること.

モード n	音名	自然音階（倍音）[Hz]	平均律 [Hz]	周波数比 (平均律/自然音階)
1	ド (2C)	65.4	65.4	1.00
2	この列には, 音名に続き 括弧の中に オクターブ の数字と 音の記号を 書く.	この列では, 倍音の定義 （式 (9.1)） に基づき 周波数を 計算し 記入する.	この列では, 平均律の定義: 半音上がると 周波数が $2^{1/12}$ 倍, から周波数を 計算し 記入する.	この列では, 二つの周波数の比 を計算する. 有効数字を 考えて 各行ごとに 桁数を決定する.
3				
4				
5				
6				

このように, たった一つの音の倍音系列の中にも, 音階や音楽の基本要素が自然と含まれていることが分かる. これは決して“偶然”などではない. ここで観察した音の性質は, 両端を固定した弦一般に成り立つから, ギターという楽器の特殊性とは関係がない. 管楽器でも同様の性質が成り立つ.

従って, この実験結果は, 音階というものが, 音の物理的な性質（自然法則）から自然発生的に生じたことを強く示唆する. すなわち, 音階を構成する基本音は自然発生的に, 主音（長調の場合「ド」）に対して, その倍音から生じると考えることが出来る. この場合, 音階内の2つの音の音程（周波数の比）は有理数比となる（9.1 式を参照）. 本テキストではこれ以降, 自然発生的に生じた音階を「**自然音階**」と呼ぶことにする.

4. (b) 純正律と平均律の定量的な比較

(i) 2つの音階（自然音階と平均律）

基本となる音に対して整数（あるいは一般に有理数）比を持つ系列として作られる音階を自然音階と呼んだ. これに対して, 西洋近代音楽で多用される音階である「平均律」では, 1オクターブが“12等分”されている. したがって, 2つの隣接する半音の周波数比は $2^{1/12}$ になる. $2^{N/12}$（N は自然数）は特定の N を除いて一般に無理数である. 2つの音階の比較を表9.2を作成して行う. この表では, 実験に用いたド（2C = 65.4 Hz）の音を基準としている. まず, 実験により決定したド (2C) の倍音（$n=6$ まで）の音名を記入する. つぎに, ドの倍音の周波数と, （同じ音名の）平均律における周波数を計算して記入する[31] それら2種類の周波数にどのような違いが見出されるだろうか? 定量的に議論する.[32]

(ii) 平均律で調律された楽器では, 和音を弾いたときに音が「濁る（きれいに響かない）」と言われる. その理由を上の設問と合わせて推察する.

(iii) ギターを弾く右手の指の位置を変えると, 音の高さは同じでも音色が変化する. その理由をこれまでの知見に基づいて考察する. 音色はその音に含まれる成分（倍音, すなわち振動モード）の割合によって変化することが分かっている[33]. 考察のための実験も有用である.

[31]平均律の場合でも最低音のドは 65.4 Hz に一致させて計算する. 半音の数やオクターブの違いに注意すること.

[32]吹奏楽, 合唱, オーケストラなどの経験者は, 合奏で和音を作る際の音程の留意点を思い出そう.

[33]倍音, 振動モードの含まれる割合を定量的に議論するために, フーリエ解析が用いられる. 章9.8参照.

4. (c) 耳による純正律と平均律の比較

　表 9.2 で明らかになる自然音階と平均律の違いは，ギターでも直接確認が出来る．自然音階と平均律双方のミ（4E）を，以下の方法で同時に鳴らしてみよう．（技術的に難しい場合は，教員や TA に補助を依頼してよい）

(i) 第 6 弦をド（2C）に，第 1 弦をミ（4E）に再調弦する（正確に！）

(ii) チューナーをギターから外す．

(iii) 第 6 弦で 5 倍音（$n = 5$）のハーモニクスを弾く【自然音階のミ】

(iv) ギター（平均律楽器）の通常奏法（第 1 弦の開放弦）で，上と同じ音名（ミ）を弾く【平均律のミ】

　(iii) と (iv) の動作を連続して速やかに行い，2 つの音を同時に響かせる．2 つの音の高さが一致しているかどうか，耳で確認する[*34]．

　一致しない場合は，第 1 弦をどのように調律すれば一致するだろうか？　音を高くするべきか，低くするべきか，表 9.2 の計算結果から理論的予想を行う．

　最後に，第 1 弦の調律（音の高さ）を少しずつ変えて上記 3 と 4 の（ほぼ）同時操作を繰り返し，この理論的予想を検証する．2 つの音の高さが一致した時，第 1 弦の音の高さは，当初調律されていた平均律のミに比べ，どのように変化しただろうか．チューナーを用いて確認してみる（チューナーの音の高さは平均律を基準としている点に留意）．理論的予想は正しかっただろうか？

●●　9.4.3 追加実験：ピアノの倍音　●●

　表の回においてギターを使った実験が終わったあと時間があれば，ピアノを使って以下ことについて確認しよう．倍音と音色の関係を理解が深まるはずである．

　グランドピアノに 3 本あるペダルの右側を踏むと，ピアノは開放弦の集まりになる．表 9.2 の $n = 1$ に対応する鍵盤を弾くと，$n = 2, 3, 4, \cdots$ に対応する弦が共鳴する．右ペダルを使うと，沢山の倍音が同時に，それぞれ複数の弦に共鳴を起こすので，解析は難しい．共鳴の様子をより具体的に確かめるためには，右ペダルではなく，中央のペダルを使うと便利である．

　共鳴が予想される鍵盤（$n = 2, 3, 4, \cdots$ に対応する音）を予め静かに弾き，鍵盤を離す前に中央ペダルを踏み込む．そのペダルを踏み込んだまま鍵盤から指を離し，（ペダルを踏んだまま）$n = 1$ に対応する音（鍵盤）を強く弾いてみよう．ペダルを踏んだまま，$n = 1$ に対応する鍵盤から指を離すと，共鳴音だけが聞こえる．

　この方法により，ギターでは確認が難しい $n = 7$ 以上の高次倍音を確かめることができる．例えば $n = 8$（3 オクターブ上のド），$n = 9$（3 オクターブ上のレ），$n = 10$（3 オクターブ上のミ）の倍音も，共鳴を通して容易に確認できる．楽器はこれらの倍音を巧みに利用し，多様な音色を作っているのである．

　実験室には，ヴァイオリンやトロンボーン，トランペット，琴なども用意してある．それらの楽器も適宜利用してよい．

> ┌─ 実験終了後の注意 ─────────────────────────────
> │ 次回実験する人のため，ギターの第 6 弦をミ（4E）に戻す．その後 6 つの弦の張力を少し
> │ 弱めておく．弦や筐体についた汗などの汚れをクロスで拭き取ってからケースにしまう．

[*34]相対的な音感は多くの人にあるため，高いか低いかは人の耳でもわかることが多い．しかし個人差もあるので，確信が持てない場合には機械の耳（＝チューナー）に頼ろう．

●● 9.4.4 考察 ●●

実験 2 の考察

「9.4.2 実験方法」の章で二重下線が引いてある事項を，レポートの考察の章で議論する．説明と共に考察の推移が分かるように書くこと．レポートは報告書であり，それだけを読んで，目的が何か・どうやって実験を行ったか・何が行われて・どういう結果が得られて・どう考察したか，が分かるようにする．**レポートは解答用紙ではないこと**を，認識すること．

Section 9.5
裏の回で行う議論

下記の五つの項目全てについて，裏の回ではグループ・ディスカッションを行う．従って，裏の回が始まるまでに考えたり調べたりしておこう．

1. ハーモニクス奏法で弦に触れる指の位置はフレットのほぼ直上となる．しかし，弦長の 1/5 でのハーモニクスを行うときはフレットの直上に触れるとうまく音が出ない．何故か？

2. 実験 1 では、ギターの音をスペクトラム・アナライザーを使って「見た」．この課題 9 実験 1 の考察の小節で宿題として出している楽器の音のスペクトラムを元にして，様々な楽器の音色と倍音の含まれ方との関係について傾向を考えよう．正解を求めているのではなく，実験データからどの様に考察するかを問う．

3. 音階の最小の単位である半音は，平均率の場合 1 オクターブを 12 等分したときの隣接した 2 音の関係（音程）である．なぜ音階の最小単位が，1 オクターブの 12 分の 1 程度[*35] になったのだろうか？人間が音を知覚する生理学的原理と合わせて推察し議論せよ．

4. 近代西洋音楽の平均律は，その音階の定義から明らかなように数学理論があってはじめて存在する．平均律の長所，短所を自然音階の長所，短所と比較することにより明らかにせよ．西洋音楽が，その短所の存在を知りながら "敢えて" 平均律を採用したのにはそれなりの理由があると考えられる．平均律が採用された理由を自由に推察してみよう．様々な意見が出て来るだろう．

5. その民族の文化的・思想的背景や日本の伝統楽器との比較も興味深い．しかしながら，西洋近代音楽は，常に平均律を採用している訳ではない．楽器による差異もあるし，敢えて平均律から逸脱することもある．この点についても，具体例を探し，自由に考察してみよう．

レポートには，裏の回で行ったグループ・ディスカッションの結果を実験 2 の考察の章に続けて書く．また，**議論をしたグループの名前をノートに記録し，裏の回の考察をレポートに記述する時に，最初にメンバーリストを書くこと**．

裏の回での議論の結果は,（グループ毎に異なるだろうが）一つのグループの中では同じ結果をレポート書くことになる．裏の回でのグループは，表の回のペアを複数集めたグループとするが，当日組み合わせを決める．教員がレポートを読むときに，レポートの著者がどのグループに居たか確認するため，メンバーリストを忘れず書く．

[*35]西洋近代音楽に限らず，他の多くの民族においても，半音程度の音程が最小単位となっている．

Section 9.6
「文化と科学」の関係についての考察

「実験1」と「実験2」そして「裏の回での議論と考察」の章立てとは別に，表の回の実験結果と裏の回での議論を踏まえ，この実験テーマの核となる以下のことについて各自議論せよ．

- 本課題の冒頭にある「はじめに」を読み，実験で得た知見と照らし合わせ，**「文化と科学」の関係について**，必要に応じて9.10章に挙げてある参考図書を参照しながら**考察する**．文化の普遍性と科学の普遍性の関係ばかりでなく，文化の多様性と科学の関係についても，幅広い観点から考察すること．なお，この実験の内容や音楽にこだわる必要はない．

Section 9.7
レポートの構成

レポートに書くべき内容は，オリエンテーションで説明されている．また，このテキストでは「レポートの構造」（ページ7）で説明されている．しかし各課題の性質によって，レポートの細かな構成（各課題の複数の実験を別々にするのか，まとめて書くのか）は異なるであろう．

この課題では，右に箇条書きで示した構成を推奨する．何故なら，実験1を行い考えたこと分かったことを踏まえて，実験2が行われているからである．また，この構造であれば裏の回が始まる日までに実験1と2の考察までレポートを書いておくことが出来る．

参考文献は，リストにし各文献の前に番号を振る．本文中で文章などを引用してその引用元を示したり，文献に載っている事象を自分の考察の元としたりしたときに，どの文献を参考ししているかを本文中で示す．このとき，参考文献に番号が振ってあればその番号を示せば良い．具体的な例は，このテキストの最初にある「参考資料の引用について」（ページ8）の小節に載っている．

- 目的
- 原理
- 実験1
    - 方法
    - 結果
    - 考察
- 実験2
    - 方法
    - 結果
    - 考察
- 裏の回で行った議論と考察
- 「文化と科学」の関係についての考察
- 参考文献

なお，参考文献にこの自然科学総合実験のテキストは**含めない**．何も参考していないのなら参考文献リストは無くて構わないが，教科書だけでは十分な考察は出来ないであろう．自分が参考にした文献をまとめた物が参考文献リストで，参考するものは章9.10に挙げている関連する図書である必要はない．

与えられた事をするだけでは，大学での学びとは言えない．自分から調べ考えることが，大学生には求められている．高校と大学での学習の違いに疑問が浮かんだら，『大学での「学び」について』（ページ3）を読み返そう．

Section 9.8
補足：フーリエ級数展開，倍音と音色

この実験では，弦の振動が複数のモード（倍音）の重ね合わせになっていることを確かめた．周期的に繰り返す波はどのような波形でも三角関数の重ね合わせ（正確に言うと無限級数）で書け，現在ではフーリエ級数展開として知られている．フーリエ級数展開は物理的・数学的に意義があるだけではなく，現在工学や情報科学分野で様々に応用されている．

●● 9.8.1 フーリエ級数展開 ●●

数学的証明は別に譲る[*36] として，ここではどのように書けるかについて簡単に紹介する．

今簡単の為，変数 t が範囲 $[-\pi, \pi]$ で一周期となる関数を考える[*37, *38]．今考えている関数（例えば楽器の出す音など）を，$f(t)$ としたときに

$$f(t) = \frac{a_0}{2} + \sum_{k=1}^{\infty} \left(a_k \cos(kt) + b_k \sin(kt) \right) \tag{9.3}$$

と表される[*39]．係数 a_k と b_k は，以下の計算で得ることが出来る．

$$a_k = \frac{1}{\pi} \int_{-\pi}^{\pi} f(\tau) \cos(k\tau) \, d\tau \tag{9.4}$$

$$b_k = \frac{1}{\pi} \int_{-\pi}^{\pi} f(\tau) \sin(k\tau) \, d\tau \tag{9.5}$$

ここで，$k = 1, 2, 3 \cdots, \infty$ である．

$f(t)$ が偶関数[*40] なら．a_k を含む項だけで展開出来る．また，$f(t)$ が奇関数[*41] の場合は，b_k を含む項だけで展開できる．

●● 9.8.2 展開の例：どこまで再現できるか ●●

フーリエ級数展開が元の関数と一致するのは，式 (9.3) で $k = \infty$ まで足しあげたときである．コサイン波とサイン波の重ね合わせで元の関数を再現しようとしても，現実世界では無限大の周波数は作れないため限界がある．

[*36]理学部物理系や工学部の学生であれば，何らかの授業で習うはずである．また，フーリエ級数に関しては様々な教科書がある．

[*37]この範囲の外でも，2π で繰り返すものと考えれば良い．なお，今 t が時間の次元を持っているとすると，t の前に [角度/時間] の次元をもった定数 1 が掛かっていると考える．

[*38]繰り返しの周期が $\pm\pi$ で無い場合は以下の様に考える．中心がずれている場合，範囲の中心が $t = 0$ に成るよう平行移動すれば良い．平行移動した後に周期が $\pm P$ だとすると，T の関数として $t = (\pi/P)T$ と変数変換をすれば一般的に扱える．

[*39]ここで，b_0 が何故無いのか気になるだろうが，b_k の定義式に $k = 0$ を代入すれば意味が分かるだろう．

[*40]t を横軸に取り，関数の値（$f(t)$）を縦軸にとってグラフに描いたときに，**縦軸に対して線対称**になっているもの．$f(-t) = f(t)$ が任意の t で常に成立しているものである．

[*41]t を横軸に取り，関数の値（$f(t)$）を縦軸にとってグラフに描いたときに，**原点にたいして点対称**になっているもの．$f(-t) = -f(t)$ が任意の t で常に成立しているものである．

　一方，人間の耳には聞こえる周波数の上限が[*42] ある．そのため波形を完全に再現出来なくても，人の耳は近似した波形でも元の波形と同じように感じる．

　フーリエ級数展開で，次数（式 (9.3) の k）をどこまで取るかによってどの程度元の波形を再現出来るかグラフで見てみよう．具体的な例として，図 9.10 にあるような波形[*43] について計算してみる．

　この波形は，奇関数なので式 (9.3) のサインの部分だけを考えれば良い．

$$
\begin{aligned}
b_k &= \frac{1}{\pi} \int_{-\pi}^{\pi} \tau \, \sin(k\tau) \, d\tau \\
&= \frac{1}{\pi} \left(\left[-\frac{1}{k} \tau \, \cos(k\tau) \right]_{-\pi}^{\pi} + \frac{1}{k} \int_{-\pi}^{\pi} \cos(k\tau) d\tau \right) \\
&= \frac{1}{\pi} \left(-2\frac{\pi}{k} \cos(k\pi) + \frac{1}{k} \left[\frac{1}{k} \sin(k\tau) \right]_{-\pi}^{\pi} \right) \\
&= -\frac{2}{k} \cos(k\pi)
\end{aligned}
\tag{9.6}
$$

k が奇数なら $\cos(k\pi)$ は-1, k が偶数なら $\cos(k\pi)$ は 1 なので，

$$
b_k = (-1)^{k-1} \frac{2}{k}
$$

となる．$k = 100$ までの b_k の値を図 9.11 に示した．

　係数が求められたので，適当な次数で近似した結果を見てみる．図 9.12 に，$k = 6$ までで近似したものを示した．図 9.13 には，元の波形と近似したものとの差を示している．

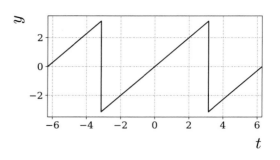

図 9.10: ノコギリ波の例．横軸 t が $[-\pi, \pi]$ の範囲で，$f(t) = t$ となり，周期 2π で形が繰り返す，簡単な例である．

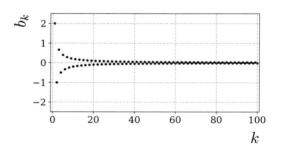

図 9.11: 今考えているノコギリ波について，フーリエ級数の項 b_k の値を図示したもの．横軸が次数の k で縦軸が b_k の値である．k の値が偶数と奇数で符号が変わり，高次のものほど値が小さくなっている．

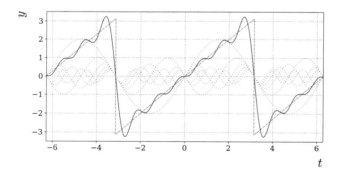

図 9.12: フーリエ級数で 6 次の項までで近似した波形（実線）と，元のノコギリ波（波線）の比較．級数の各次数のサイン波を点線で示している．

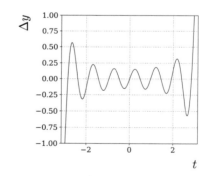

図 9.13: 元のノコギリ波とフーリエ級数で 6 次の項まで近似した曲線との差を t の関数として示した．

[*42] 上限には個人差がある．また加齢による聴覚の衰えで，年を経ると聞こえる周波数の上限が下がっていく（高音が聞き取れなくなる）．

[*43] ノコギリ波と呼ばれる．

　では次数を上げていったら，どの程度元の波形に近づくのか見てみよう．フーリエ級数の 10 次の項まで近似したものについての比較が，図 9.14 と図 9.15 である．100 次の項まで近似したものについての比較が，図 9.16 と図 9.17 である．

　次数を上げて行くほど，元の波形に近づいていることが分かる．しかし，100 次の項まで入れても波形が急激に変化する場所（ノコギリの端の部分）は合いにくい．

　ここではノコギリ波についての例を示したが，いろいろな波形の場合どのような近似波形になるかは色々な教科書を探せば見つかるであろう．また，Web で検索してみると様々な説明も見つかる．微分可能な関数であれば，式 (9.6) で計算例を示した様に，フーリエ級数の係数（式 (9.4) と式 (9.5)）は部分積分を使って簡単に求まる．自分でも適当な関数について求めて見ると面白いだろう．

　楽器の奏でる音は，音色に応じて波形が異なる．そして，どんな波形でもフーリエ級数展開でその形を再現できる．これは，音に様々な倍音が含まれていることを示しており，音色の違いは各倍音成分の強度（フーリエ級数での各項係数の値）が違うことで説明出来ることを意味している．

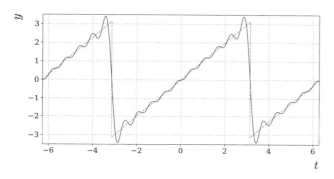

図 9.14: フーリエ級数で 10 次の項までで近似した波形（実線）と，元のノコギリ波（波線）の比較．

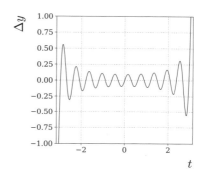

図 9.15: 元のノコギリ波とフーリエ級数で 10 次の項まで近似した曲線との差を t の関数として示した．

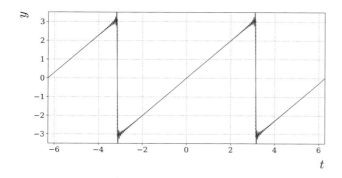

図 9.16: フーリエ級数で 100 次の項までで近似した波形（実線）と，元のノコギリ波（波線）の比較．

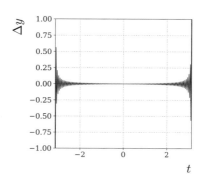

図 9.17: 元のノコギリ波とフーリエ級数で 100 次の項まで近似した曲線との差を t の関数として示した．

Section 9.9
補足：有効数字

　この課題では，自然音階（純正律）での周波数と，平均律での周波数の比較をするときに有効数字を考える必要がある．有効数字に関しては付録 A.2 に説明がある．とは言っても，有効数字の取り扱いになれていない初学者が完璧に取り扱えるとは思えない．そのため，ここでは表 9.2 を例として具体的に説明する．

　最初に自然音階のド（2C）の 65.4 [Hz] の数値についての意味を考える．ギターのチューニングに使う TD-36M は，針の振れ具合でチューニングが合っているか確認出来る．しかし，合わせた音の周波数の値自体は表示されていない．チューナーの精度を考えて，四捨五入して 65.4 となる範囲に周波数があるとする．

　自然音階は倍音で構成されている．この場合，音階の周波数比は整数の比で書ける．モード n の倍音の周波数は，基準となる周波数の n 倍である．

　整数は，小数点以下に無限にゼロが続くと考える．掛け算を行うときには，計算結果の有効数字の桁は意味のある桁数の少ない方に合わせると習う．そのため，65.4 について桁数という意味では，有効数字は 3 桁ということになる．

　今の場合 65.4 という数字は四捨五入して 65.4 となる数字の範囲なので 65.350.... から 65.449... の間にあることを意味する．これを二倍すると，130.700.... から 130.899.. の間に値があり，中心値は 130.8 となる．そうすると，有効数字 3 桁としてしまった 131 という数字は，多めに見積もってしまっていることになり，正しくない．そのため，自然音階の周波数についてモード 2 から 6 は，小数点以下 1 桁まで数字をとる方がよいことになる．

　次に平均律の計算の基準となる 65.4 [Hz] の数値について考える．平均律はラの音を基準としていて，そこから半音何個分離れているかを考えてドの音がラの音の周波数の何倍かを計算するが，この比は無理数である．この場合ドの音の周波数は，ラの音がどの程度正確に基準となる数字に合っているかによって決まっている．

　ここではド（2C）の平均律の周波数を 65.4 [Hz] としているが，自然音階の 65.4 [Hz] と完全に一致しているかは分からない．何故なら，それら二つの音の周波数は別々に決められているからである．

　平均律での音階を計算するときは，基準の音から半音何個分上がっているか，下がっているかを考える．このとき，基準の音と知りたい音との周波数比は既に述べているように無理数であり，有効数字という意味では無限の桁を持っていると考える．そのため，平均律での音階の周波数については自然音階と同じように，モード 2 から 6 は，小数点以下 1 桁まで数字をとる方がよいことになる．

　表の最後の列の周波数比について考える．分母分子は別々の不定性を持っている．モード 2 以上のそれぞれの周波数は有効数字が小数点以下 1 桁までであるが，比を考える場合には桁が何桁あるか考えて，桁数の少ない方に合わせる．この表の計算では，モード 2 以上では分母分子共に 4 桁の有効数字であるので，周波数比の有効数字は 4 桁となる．

Section 9.10
このテーマに関連する図書

- 【新版】「音楽の科学：音楽の物理学・精神物理学入門」ローダラー著，高野光司，安藤四一訳，音楽之友社（2014）．原著：*The Physics and Psychophysics of Music: An Introduction* by Juan G. Roederer Springer Verlag; 4th edition (2008).
  アメリカの高名な地球物理学者による，洞察力あふれた名書．

- 「絶対音感」　最相葉月，（小学館文庫）小学館　（2002）．
  世の中には，絶対音感を持った人たちがいる．なぜ彼ら（彼女ら）が絶対音感を持っているのか？絶対音感は教育で身に付くのか？絶対音感を持っている人たちに聞こえる音は，普通の（絶対音感を持たない）人とどのように違うのか？　絶対音感を持つことは幸福なのか？
  絶対音感を持つ音楽家へのインタビューなどを元に，著者の綿密な取材によって書かれた，知的好奇心溢れるノンフィクション作品（ベストセラー）．
  注）この実験（課題９）は，絶対音感の有無に関係なく行えるよう作られている．

- 「音楽の基礎」　芥川也寸志，（岩波新書）岩波書店　（1971）．
  この本には，いわゆる「楽典」の域を超え，音楽の生じてきた自然科学的背景についての考察を見ることが出来る．作者は，仙台フィルの音楽総監督も務めた，２０世紀の代表的作曲家．

- 「響きの考古学–音律の世界史」　藤枝守，音楽之友社　（1998）．
  自然音階（純正律）と平均率の比較等，世界の音楽に亘った詳しい議論がある．

- 「ラモー氏の原理に基づく音楽理論と実践の基礎」　ジャン・ル・ロン・ダランベール，春秋社（2012）．
  近代和声理論を確立したフランスの作曲家，ジャン・フィリップ・ラモーの音楽理論を，物理学者であるダランベールが解説し，同時代と後世の音楽家にも強い影響を与えた本．音楽と自然科学の密接な関係と，その歴史をみることができるだろう．

- 「フーリエの冒険」　トランスナショナル カレッジ オブ レックス編，ヒッポファミリークラブ（1988）．
  「波（音）は複数の単純な波（振動モード）の重ね合わせである … 」．フーリエが発見したこの普遍的性質を理解し，言語音声を解析しようとした文系の大学生たちが，いつしか「フーリエ」の魅力溢れる世界に引きずり込まれた記録．限りなく「直感的」に科学を理解しようとした奮闘記．本テキストの補足「倍音と音色」も参照されたい．

- 「楽典」（3訂版）黒沢隆朝，音楽之友社 (1987).
  いわゆる"楽典（音楽に関する活動（演奏など）のために必要な最低限の知識のこと）"ではあるが，音階成立の起源についての，音楽学者からの興味深い議論がある．すぐれた教科書であるが，現在版元品切れである（著名な教科書なので，古書の入手は比較的容易）．

- 「音楽と認知」（認知科学選書 12）波多野誼余夫（編集），東京大学出版会 (1987).
  認知科学の立場から，音楽が人間に理解されるメカニズム（認知プロセス）を論じた書．

- *The Physics of Musical Instruments* (2nd ed.) N. H. Fletcher and T. D. Rossing, Springer (1998). 邦訳「楽器の物理学」 シュプリンガー・フェアラーク東京 (2002).

- *The Science of Sound* (3rd ed.) T. D. Rossing, F. R. Moore and P. A. Wheeler, Addison Wesley (2002).

- 「振動と波動」吉岡大二郎， 東京大学出版会 (2005).
  物理学の立場から音響の基礎となる振動と波動の数理をまとめた書． 数理的基礎に興味がある時，ローダラー氏の著書の次に読むと，深い理解が得られるだろう．

- 「患者は何でも知っている：EBM 時代の医師と患者」J.A. ミュア・グレイ（著）　斉尾　武郎（翻訳）（EBM ライブラリー）中山書店 (2004).
  科学の普遍性と価値判断の多様性について，最も真剣に直面せざるを得なくなるのは，病気になったときであろう． この書は，EBD(Evidence-Based Decision) の中で最も議論が進んでいる，EBM(Evidence-Based Medicine ＝科学的根拠に基づく医学) について，その第一人者によって書かれた書． 一般読者向けの書なので，とても分かりやすく，科学と社会の関係について絶好の入門書ともなっている．

- 「ビューティフル・サイエンス・ワールド」ナタリー・アンジェ　近代科学社　(2009).
  第一章「科学的に考える」の中に，科学という営みが生き生きと描写されている．

- 「科学哲学への招待」野家 啓一　筑摩書房　(2015).
  科学と社会の関係について，哲学の立場から考察した書． 科学という営みを知ること (knowledge about science) は，科学の専門知識 (knowledge of science) を社会で生かす上でも，専門研究で行き詰まった際に違った視点から解決口を見出すためにも，欠かせないものであろう．

- " Science and trans-science", Alvin Weinberg 著, Minerva, **10**, 209-222, (1972).
  科学の適用限界について，科学者の手で明確に指摘した論文． Weinberg は，米国の著名な核物理学者． この論文は，その後の科学論，特に科学技術社会論 (STS) の研究に大きな影響を与えている．

- 「トランスサイエンスの時代：科学技術と社会をつなぐ」小林 傳司　ＮＴＴ出版 (2007).
  Weinberg が指摘した「科学に問うことはできても，科学だけでは答えがでない問」は，私たちが目を背けることができない，現代社会の課題群である． そのような課題に，私たちがどのように向き合ったらよいのだろうか‥‥． 科学哲学者の視点から思索した，現代の名著．

- 「科学の不定性と社会 – 現代の科学リテラシー」本堂 毅, 平田光司, 尾内隆之, 中島貴子（編）信山社（2017）
  市民が身につけるべき科学的知識を「科学的リテラシー」と呼ぶことがある． 解説書の多くは，科学が解明できること，すなわち科学の知識（knowledge of science）を教える． しかし，科学の知識だけで科学をめぐる諸問題を解決することは原理的に不可能である． この本では，科学の性質や限界，すなわち科学に関する知識（knowledge about science）を社会との関わりの中で理解することの重要性を，自然科学から医学，法学，政治学，人類学，教育学にわたる著者が明らかにしている．

V　生命

課題 10

細胞

Section 10.1

はじめに

　生物の構造と機能の単位は細胞であるという**細胞説（cell theory）**は，19 世紀に成立した，生物学のもっとも重要な基礎概念の一つである．

　生物のからだを作る細胞は，遺伝子をおさめる核の有無から 2 つに分けることができる．一つは，遺伝子の本体である DNA（デオキシリボ核酸）が核膜に包まれず細胞内にむき出しで存在する細胞で，**原核細胞（prokaryotic cells）**と呼ばれる．もう一つは，膜に包まれた核を持ち，生体膜で囲まれたさまざまな機能をもつ区画が発達した細胞で，**真核細胞（eukaryotic cells）**と呼ばれる．原核細胞からなる生物を原核生物（prokaryote），真核細胞からなる生物を真核生物（eukaryote）という．地球上に現れた最初の生物は，原核生物であったと考えられている．現在の地球上に生存する生物は，その後の長い進化を経て出現した．

　これらの生物を分類し，体系化するためのさまざまな学説がある．現在主流となっているのは 3 ドメイン説であり，生物を真正細菌（Bacteria），古細菌（Archaea），真核生物（Eukaryota）の 3 つのドメインに分類する．真核生物はさらに動物界，植物界，菌界，原生生物界に分けられることが多い[*1]．原核生物である真正細菌，古細菌は単細胞であり，真核生物には多細胞性の生物もいるが，大多数は単細胞である．

　多細胞生物の個体の複雑なからだを構成する最小単位が細胞である．同一の形態と機能を持った細胞群を**組織 tissue**（例えば表皮など）と呼ぶ．更にいくつかの組織が集まり独立性をもった構造体を**器官 organ**（例えば花など）と呼んでいる．

　生命の営みを理解するためには，細胞の構造を観察することが出発点となる．この細胞の形態や構造を観察するために，その目的に応じたさまざまな顕微鏡が開発されてきた．近年，その観察技術においても，生きている状態での構造を見る技術や，その動的な変化を捕える技術，また，ある特定の構造や物質の存在場所を特定し解析する技術など，著しい進歩が見られる．

　この実験では，普通光学顕微鏡と蛍光顕微鏡を使って細胞の観察を行い，真核細胞の一般的構造と機能の一端を学ぶ．試料としては，観察が容易で，プレパラートの作成も簡単な，タマネギ鱗茎の表皮細胞を用いることにする．この細胞は，植物を特徴づける葉緑体を持たないが，細胞核やミトコンドリア，細胞壁などの構造が簡単に観察できる．また，原形質流動と呼ばれる細胞内運動を観察することで，生きている細胞の動的な機能を実感することができる．さらに，生きた状態での染色（生体染色）により，細胞内の立体的構造や，遺伝情報を担う DNA の存在場所も認識することができる．

[*1]ただし，このうち原生生物界には動物，植物，菌に含まれないものが雑多に納められており，分類の見直しが進んでいる．

Section 10.2
実験の原理

●●　10.2.1 植物の細胞と組織の構造　●●

植物の細胞の基本的構造は，他の真核生物である動物界，菌類界の細胞とも共通している（図 10.1）．

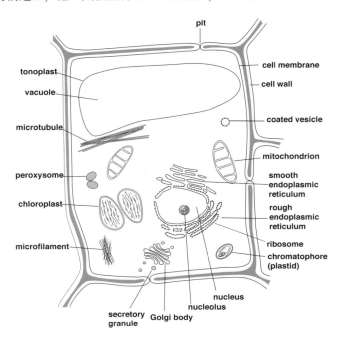

図 10.1: 植物細胞の模式図　電子顕微鏡観察に基づいた模式図であり，光学顕微鏡では観察できない構造も含まれている．

　細胞は，**細胞膜（cell membrane）**で取り囲まれている．細胞膜内には，**核（nucleus）**と**細胞質（cytoplasm）**からなる原形質（protoplasm）がある．細胞質には，**ミトコンドリア（mitochondrion**, 複数形は-ria），ゴルジ体（Golgi body），小胞体（endoplasmic reticulum），ペルオキシソーム（peroxysome），被覆小胞（coated vesicle），**液胞（vacuole）**などの生体膜で囲まれた区画や，リボソーム（ribosome），微小管（microtubule），微小繊維（microfilament）などの構造体が見られ，これらを総称して**細胞小器官（organelles）**という．**葉緑体（chloroplast）**は，光合成を行う細胞小器官で，植物細胞を特徴づけるものである[*2]．また，多くの植物細胞では，成熟に伴い液胞膜（tonoplast）に包まれた液胞が発達し，細胞の大部分を占めるようになる．細胞膜の外側に複合糖質からなる**細胞壁（cell wall）**をもつことも，植物細胞の特徴である．ミトコンドリアは，酸素呼吸の場であり，生物に共通したエネルギー担体である ATP を合成する．核，ミトコンドリア，葉緑体は，ともに 2 重膜に囲まれた細胞小器官であり，そ

[*2]本実験で観察するタマネギ鱗片葉上皮細胞では葉緑体は存在しないが，同じ構造を持つが葉緑素を発現していない白色体（leucophore）は存在する．葉緑体，白色体，および色素体は総称してプラスチド（plastid）と呼ばれる．

れぞれ独自の DNA をもっている．ミトコンドリアと葉緑体の，内膜に包まれた部分の諸性質は原核生物のものと共通点が多いことから，これらの細胞小器官は，ある種の原核生物が共生することから進化してきたと考えられている（共生説）．膜で囲まれた細胞小器官を除いた細胞質部分を，細胞質基質（cytoplasmic matrix）またはサイトゾル（cytosol）という．

　　植物界に属する生物でもっとも複雑な体制に進化したものは，種子を形成する種子植物である．種子植物の栄養器官は，根，茎，葉の区別があり，生殖器官として花を分化する．器官を構成する組織の分け方はいろいろあるが，それぞれの器官は，各種の組織が集合した組織系から成り立っている．組織系の最も一般的な分け方は，サックス（Sachs, J）が提唱した表皮系，基本組織系，維管束系の 3 組織系に分ける方法である．表皮系は，植物体の外面を覆う組織群で，表皮に加えて，毛，気孔，水孔などからなる．維管束系は，水分や栄養を運搬する通路であり，木部と師部からなる．表皮系と維管束系を除いた部分を基本組織系と総称し，皮層や髄などの組織が含まれる．なお，動物の細胞と組織については章末参考 10.5.3 に簡単な解説がある．

●● 10.2.2 核と染色質 ●●

　核には，遺伝情報を担うゲノム DNA が存在する．核は，単にゲノム DNA の収納場所であるだけではなく，ゲノム DNA 上の遺伝子の読み出しを制御する場でもある．核内にはこのためのさまざまな種類の RNA や核タンパク質が存在する．

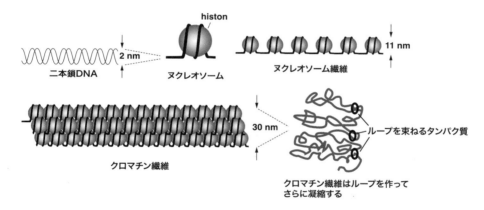

図 10.2: クロマチン（染色質）構造の模式図

　ゲノム DNA の全長は，核に対して（細胞に対しても）非常に長い（課題 11, 13[*3]の解説を参照せよ）．このため，核内でゲノム DNA は小さく折り畳まれて格納されている．DNA の折り畳みは規則的で階層的であり，遺伝情報の読み出しなど，折り畳みを部分的にほどく必要がある事態に対応している．

　DNA の二重らせん（直径 2 nm）は，まずヒストン（histon）と呼ばれる塩基性の核タンパク質に規則的に巻き付く．この構造をヌクレオソーム（nucleosome）という．ヌクレオソームが連なってできる繊維は直径ほぼ 11 nm となる．これがさらにコイル状に巻き付いて，直径約 30 nm の**クロマチン（chromatin 染色質）**と呼ばれる構造をとっている[*4]．クロマチン繊維は，さらに他の核タンパク質と相互作用していっそう凝縮された構造を取ることも多い．細胞分裂の中期には，クロマチン繊維は極めて凝縮して，

[*3]課題 11, 13 は電子版にのみ収録
[*4]近年，ヌクレオソームが 3 重コイルを形成するいわゆるクロマチン構造は，実際にはあまり形成されていないことが明らかになりつつあるが，ここではいまのところ従来の教科書的な記述にならっておくこととする

いわゆる染色体（chromosome）となる.

　酢酸カーミンなどで染色した核を詳細に顕微鏡観察すると, 染色の濃い部分と薄い部分があることがわかる. これは, クロマチン繊維が密に凝縮して格納保管状態になった部分と, クロマチン繊維の凝縮が緩んで遺伝子の読み出しが行われている部分にそれぞれ対応すると考えられ, 前者を**ヘテロクロマチン**（**heterochromatin 異質染色質**）, 後者を**ユークロマチン**（**euchromatin 真正染色質**）と呼ぶ.

●●　10.2.3 細胞の観察　●●

顕微鏡

　細胞の構造を観察するには, 光学顕微鏡や電子顕微鏡を用いる必要がある. 多くの原核生物の細胞は, 直径が 1 μm くらいと小さく, 可視光線を使用した光学顕微鏡では, その分解能の限界が約 0.2 μm であることから, 細胞内部の構造を観察することは難しい. これに対して, 多くの真核細胞の大きさは, 原核細胞の 10 倍以上あることから, 光学顕微鏡を用いて細胞内部の構造を観察することが可能である. しかし, 生体膜や各細胞小器官の微細構造の観察には, 電子顕微鏡を用いなければならない.

　光学顕微鏡にはさまざまな種類があり, 目的に応じて用いられている. 位相差顕微鏡は, 培養細胞の観察によく利用される. 微分干渉顕微鏡や共焦点レーザー走査顕微鏡は, 生きている細胞や, 細胞内の 3 次元的構造を観察するのに威力を発揮する. また, これら顕微鏡で得られた画像情報を, コンピューターに入力して解析する技術も近年発展が著しい.

　被検体に励起光を照射し, 発生する蛍光を観察するための光学系を備えた顕微鏡を, 蛍光顕微鏡という. 試料を蛍光性物質で処理することにより, 細胞や組織内の特定の物質や構造に吸着した蛍光物質により発せられる蛍光だけを観察することができ, 細胞や組織の構造だけでなく, 動的な状態を知る上でも極めて有効な手段となっている. 蛍光顕微鏡の原理と操作法について章末 10.5.2 で解説した. 参考にされたい.

　電子顕微鏡は, 光の代わりに電子線を用いるため分解能が高く, 微小構造を観察できる. 試料表面に電子線を照射して発生する電子情報から, 細胞表面や組織の断面の立体構造を中心に観察するための走査型電子顕微鏡と, 薄く切った試料を透過する電子線により得られる情報から, 細胞の微細構造を観察する透過型電子顕微鏡に分けられる. 普通, 細胞や組織の構造を見やすくするために, 電子線の透過や反射を調節する金属類で試料を処理して観察される.

分解能, 作業距離, 焦点深度

　顕微鏡観察を行う上で必要な, 最小限の理論的概念を説明する.

倍率と分解能　倍率は標本の大きさに対する像の大きさの比で定義される. 顕微鏡の場合, 総合倍率は対物レンズの倍率と接眼レンズの倍率の積となる. 拡大率の大きなレンズを用いたり, レンズを重ねていけば倍率はいくらでも大きくすることができる. しかしこれは, どんな細部をも観察できることを意味しない.

　顕微鏡のような結像光学系において, 見分けることのできる 2 点間の最小距離を, その光学系の**分解能**（**resolution**, あるいは**解像力: resolving power**）と呼ぶ. 分解能 δ は以下の式により定義される.

$$\delta = 0.61 \frac{\lambda}{\text{N.A.}} \tag{10.1}$$

ここで，λは光の波長，N.A. は開口数（numerical aperture）と呼び，レンズの集光能力を示す値である．分解能は倍率には依存せず，波長と開口数だけによって決まることがわかる．つまり同じ倍率であっても開口数の大きなレンズが分解能の高い高性能なレンズとなる．

　可視光線の波長は 400〜700 nm 程度であり，対物レンズの N.A. は油浸レンズを用いても最大 1.4 程度なので[*5]，光学顕微鏡の解像力は約 0.2 μm (200 nm) が限界である（ヒトの眼に最も感度の高い波長である 550 nm で計算）．本実験で使用している対物レンズの開口数は 4×，10×，40× の対物レンズについて，それぞれ 0.10，0.25，0.65 となっている．

作業距離　作業距離（W.D. working disatance, 作動距離とも）は，一般に対物レンズの前面からピントの合う位置までの距離を指す．カバーグラスを使用することを前提に設計された対物レンズの場合には，対物レンズの先端からカバーグラス上面までの距離として定義されている．対物レンズの倍率が大きくなると，作業距離は急激に小さくなる．本実験で用いている顕微鏡では，4×，10×，40× の対物レンズについて，作業距離はそれぞれ，29 mm，6.3 mm，0.53 mm となっている．照準の際にはこの距離を頭に入れておく必要がある．40 倍の対物レンズを用いる場合，わずか 0.5 mm ほど標本を動かしただけで，レンズとカバーグラスが衝突することになるからである．

焦点深度　焦点深度（depth of field）は，ある焦点位置において，同時にピントが合って見える垂直方向の範囲のことである．焦点深度は観察する人の眼の解像力や調節能力にも影響されるため，その計算は単純ではないが，対物レンズの開口数と倍率に反比例する項を必ず含む．したがって，高倍率で観察する場合は，標本の厚みの一断面にしかピントが合わない．標本の垂直方向の全体像をつかむためには，ピントを上下に移動しながら観察する（フォーカススキャン）必要がある．

固定と染色

　細胞や組織を顕微鏡で観察するには，生きている状態で直接観察することもあるが，**固定（fixation）**と呼ばれる化学的，物理的処理を施して，細胞や組織の構造が生きている時の状態をできるだけ保つようにしてから観察する場合もある．固定した細胞や組織は，パラフィンやカーボワックス，あるいはさまざまな樹脂などの包埋剤に包埋して，観察に適した厚さの切片にすることもできる．固定した標本は，多くの場合**染色（staining）**を行なって観察される．ただし，固定することによって細胞内の組織が，程度の差はあれ，損なわれることは避けられない．また，固定を行なえば細胞の動的な状態を観察することはできなくなる．このため，固定を行なわずに染色する方法（生細胞染色）も種々考案されている．

　染色には，特定の細胞や組織を染め分けることができる，さまざまな色素が使われている．核を識別するための酢酸カーミンやオルセイン，ミトコンドリアを染色するヤヌス緑 B などは，古くから使われてきた．血液検査に用いられるギムザ液は，いくつもの異なる色素を混合し，血球のさまざまな構造を染め分けることができる．フォイルゲン反応による DNA の染色や，ヨウ素ヨウ化カリによるデンプンの染色は，特定の物質を染色する方法である．DAPI（4',6-diamidino-2-phenylindole）による DNA の染色や，カルコフラワー（calcofluor）による細胞壁セルロースの染色は，蛍光顕微鏡による観察に用いられている．特定の物質に対する抗体を作製し，これにさらに蛍光色素を結合させた抗体を結合させて観察する方法（蛍光抗体法）は，細胞の機能を研究する上で強力な手段となっている．

[*5]油浸レンズは標本と対物レンズの間を油で満たすことにより屈折率を大きくすることができる．乾燥系では N.A. の理論的最大値は 1.0，実際には最大 0.9 程度となる

　本実験では，明視野観察用として酢酸カーミン，メチルグリーン・ピロニン染色を，蛍光観察用として DAPI および $DiOC_6$ の染色を用いる．それぞれの染色液の調製については章末参考 10.5.4 を参照のこと．

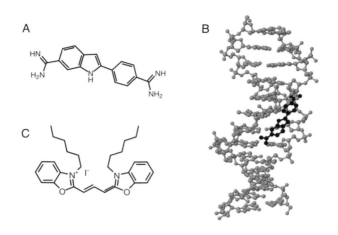

図 10.3: A: DAPI の構造　　B: DNA 二重らせんの狭い溝に結合した DAPI 分子 [7]（濃色部分．PDB ID: 1D30）　　C: $DiOC_6$ の構造

酢酸カーミン　酢酸カーミン液は，コチニール色素[8]を 45 ％酢酸水溶液で解いた染色液で，核の染色のために古くから使われている．天然色素であるためその成分は複雑であるが，おもな色素分子はカルミン酸である．酢酸溶液が細胞の固定に働き，カルミン酸が，核タンパク質，特に塩基性のヒストンを強く染色するといわれている[9]．

メチルグリーン・ピロニン　メチルグリーン・ピロニン染色液には，メチルグリーンとピロニン Y という 2 種類の色素が含まれている．メチルグリーンは DNA を青緑色に染色する．一方ピロニン Y は核酸（DNA および RNA）を赤く染色する．したがって核内の染色質（クロマチン）は両方の色素で染色されて，やや灰色がかった青紫色に，一方，核小体（rRNA が合成・蓄積している）はピロニン Y のみで赤く染色されるはずである．さらに，細胞質には各種の RNA（rRNA, mRNA, tRNA など）が存在するために，赤く染色される．

DAPI（4',6-diamidino-2-phenylindole）　DAPI（図 10.3-A）は二本鎖 DNA に特異的な蛍光色素として広く用いられている．この色素は DNA 二重らせんの狭い溝（minor groove）[10]にはまり込むように結合し（図 10.3-B），紫外域の励起光によって青白い蛍光を発する．

$DiOC_6$（3, 3'-Dihexyloxacarbocyanine, iodide）　$DiOC_6$ はリン脂質からなる生体膜に親和性のある蛍光色素である（図 10.3-C）．炭化水素部分が膜に挿入されるようにして結合し，環状の色素部分が疎水的な環境に置かれると強い緑色の蛍光を発する．使用する濃度によって細胞のさまざまな膜性の構造に

---

[7]The structure of DAPI bound to DNA. Larsen, T.A., Goodsell, D.S., Cascio, D., Grzeskowiak, K., Dickerson, R.E. （1989）J.Biomol.Struct.Dyn. 7: 477-491.

[8]カイガラムシ科の何種かの昆虫が体内に作り出す赤色の色素．染料として用いられるほか，天然の食用色素，あるいは絵画用色素；カーマインとしても用いられる．

[9]ただし，精製した DNA に対してカルミン酸が強く結合するという報告もある．多くの古典的染色法では，染色の原理は十分明らかにはなっていないことが多い．

[10]課題 11（電子版にのみ収録）の図 11.1D を参照せよ

特異性を持たせることができ，今回使用する濃度ではミトコンドリアに特異的に結合する．10倍ほど高い濃度では小胞体を染色することができる．また，炭化水素部分をより長くした誘導体では細胞膜を染色することもできる．

Section 10.3
実験

●● 10.3.1 使用器具 ●●

正立型生物顕微鏡

　オリンパス CHT.

　箱の扉を開け，顕微鏡本体と電源コードを取り出し，実験台に置く．箱は扉を閉め，足下の邪魔にならないところに置く．

各部の名称と機能　以下のリスト及び図 10.4 にしたがって，各部の名称と機能を確認しておく．

1. 接眼レンズ．双眼タイプで，両眼の間隔が調整できる．左側の接眼レンズ基部には目盛りのついたリング（視度差調節リング）があり，左側レンズのみの照準を変えることができる．

2. 対物レンズ．3本の対物レンズが装着されている．赤いラインの入った最も短いレンズが4倍，黄色いラインのものが10倍，青いラインの最も長いレンズが40倍である．

3. レボルバー．対物レンズが取り付けられた回転ターレット．外側の凹凸のついたリングを回して対物レンズを交換する（対物レンズに指をかけて回してはいけない）．それぞれのレンズのセット位置は軽いクリック感で感知できる．

4. ステージ．スライドグラスを載せる台．ホルダーの弓形レバーを広げてスライドグラスをセットする．メカニカル・ステージと呼ばれるギア装置によってホルダー全体を前後左右に動かすことができる．そのためのステージ十字動ハンドルはステージ左下方にある．

5. コンデンサー（集光器）．ステージの下にある一群のレンズで，光源の光を標本に集める．本実験の顕微鏡には2種のコンデンサーがセットされており，スライドさせて切り替えることができる．右側が明視野コンデンサー（通常の観察で使用），左側が暗視野コンデンサー（暗視野観察で使用）である．コンデンサーを上下に動かすことで集光状態を変化させることができ，そのためのハンドルがステージ左下にある．ただし，本実験では最上部にセットした状態で使用すればよく，動かす必要はない．

6. 開口絞り．明視野コンデンサーには絞りが組み込まれている．絞りを調節することで観察像のコントラストを大きく変えることができる．特に無染色での観察では絞りを調節しないと何も見えない．調節レバーは明視野コンデンサーの右側に突き出ている．小さなレバーなので見落とすな．

7. 電源スイッチと光量調節ダイアル．鏡脚の正面左側に電源のスイッチが，右側側面に光源の光量を調節するダイアルがある．

8. 照準ハンドル．同軸の外側の大きい方が粗動ハンドル，小さい方が微動ハンドルである．ステージを上下に動かすことでピント合わせを行う．**粗動ハンドルにさわる前に対物レンズが4倍かレ**

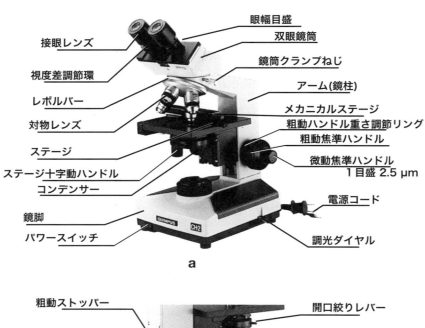

接眼レンズ
視度差調節環
レボルバー
対物レンズ
ステージ
ステージ十字動ハンドル
コンデンサー
鏡脚
パワースイッチ

眼幅目盛
双眼鏡筒
鏡筒クランプねじ
アーム(鏡柱)
メカニカルステージ
粗動ハンドル重さ調節リング
粗動焦準ハンドル
微動焦準ハンドル
　　1目盛 2.5 μm
電源コード
調光ダイヤル

a

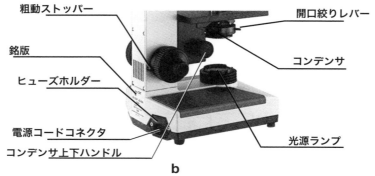

粗動ストッパー
銘版
ヒューズホルダー
電源コードコネクタ
コンデンサ上下ハンドル

開口絞りレバー
コンデンサ
光源ランプ

b

図 10.4: オリンパス CHT 型顕微鏡の各部の名称

ンズのない位置にセットされていることを確認せよ！40 倍の長い対物レンズがセットされている状態で粗動ハンドルを動かしてはいけない !!

9. 粗動ストッパー．高倍率観察の際の安全装置である．左側粗動ハンドルの基部にあるレバーを押し上げると，ステージを粗動ハンドルで上方向には動かせなくなる．

落射蛍光顕微鏡

　落射蛍光顕微鏡（オリンパス BX53-FLA）を用いて，蛍光染色した試料を観察する．蛍光顕微鏡は 1 台しかないので，操作は基本的に TA が行う．TA の指示に従って観察する．なお，蛍光顕微鏡の原理については，章末参考 10.5.2 を参照すること．

その他の器具

以下の器具類は各テーブルに配付されているものを用いよ. 鋭利な器具も多いので怪我に注意.

- 各自に割り当てられる透明ケースに入っている器具類
    - スライドグラス:一人当り5枚. 使用後は,水道水で洗浄し,純水ですすいだ後,キムワイプで水気を完全に拭き取り保管せよ.（ただし蛍光染色に用いたスライドグラスは,指定の場所に集めて処理する.）
    - 柄付き針
    - ピンセット:先端が鋭利なものと,やや丸めてあるもの二種. 鋭利な方を表皮の扱いに,丸い方をカバーグラスの扱いに使い分けると良い. 先端部分の噛み合わせが悪いと使い物にならない. 先端を損なわないように注意して扱うこと. 噛み合わせの悪いものはスタッフに申し出て交換すること.
    - カミソリ
    - 鉛筆:2Hの黒鉛筆,および赤,青の色鉛筆. スケッチは基本的には黒鉛筆で行う. 色鉛筆は必要に応じて使用すればよい.
    - ものさし:スケッチにスケールを入れる際に利用する.
- カバーグラス:使用後はテーブル上の廃ガラス用ポリビーカーに廃棄する.
- 水差し:青いテープを巻いた小型のポリエチレン製水差しが各自に配付されている. スライドグラス上に水を取る際に用いる.
- 酢酸カーミン染色液:赤いテープを貼ったケースに入っている. 二人に1つ.
- メチルグリーン・ピロニン染色キット. 緑のテープを貼ったケース. 染色液のほか,固定用エタノールがセットになっている. 二人に1つ.
- ストップウォッチ:原形質流動の速度を測定する際に用いる. スマートフォンのストップウォッチ機能を使っても構わない.
- 鉛筆削り:電動のものが共通テーブルにある.

●● 10.3.2 スケッチと接眼ミクロメーターによる長さの計測 ●●

実際に実験に入る前に,観察像の記録について説明する.

スケッチ

顕微鏡で観察した像はスケッチとして記録する. 生物学的なスケッチは,美術のデッサンなどとは技法が異なる.

1. 表面の滑らかなケント紙を用いる. 表面のざらついたいわゆる画用紙ではいけない.
2. 鉛筆はHから2Hの硬い鉛筆を,よく先端を尖らせて用いる. 筆圧の高い者はさらに硬い3H,4Hといった鉛筆を用いてもよい.
3. 観察像の輪郭を1本の滑らかな線で描く. 線影をつけたり塗りつぶしは行わない. 肉眼で見えるようなマクロな標本の立体表現には点描法を用いるが,顕微鏡観察では陰影をつける必要はなく,輪郭の描写を重視する.

4. 点は面積を持たず，線は幅を持たないものと見なされる．したがって微小な粒子を表すためには点を打つのではなく粒子の輪郭を（つまり小さな円を）描く必要があり，幅のあるものを表現する際には，太い線を描くのではなく内外の輪郭をそれぞれ別の線で描く必要がある．

5. 標本の形状，各部の大きさの比は正確でなくてはならない（そうでなければスケールを入れる意味はない）．標本を少なくとも 2 方向から計測して正確な形状を描く．

6. ひとつのスケッチは用紙の半分から 3 分の 1 程度の大きさとする．スケッチの周囲にはラベルを入れるためのスペースを取っておく．

7. 染色した標本のスケッチには色鉛筆を用いて塗りつぶしをしてよい．

接眼ミクロメーターによる計測法

接眼レンズをのぞくと左右どちらかの視野に物差しが見えるだろう[*11]．これが接眼ミクロメーターである．10 mm を 100 等分した目盛りを刻んだガラス円板を接眼レンズに装着してある．接眼ミクロメーターは接眼レンズと一緒に回転するので，メカニカルステージと併用すれば標本のあらゆる箇所の長さを測定できる．

接眼ミクロメーターの 1 目盛りが，実際にはどのくらいの長さに対応するのかは，装着されている接眼レンズと組み合わされる対物レンズの倍率によって変わってくる．これは，それぞれの組み合わせで対物ミクロメーターを検鏡して算出するのが確実かつ簡便である．表 10.1 に，本実験に用いるオリンパス CHT 型で実際に計測した値から算出した，接眼ミクロメータの 1 目盛りが示す実長を示した．

表 10.1: 接眼ミクロメーターの 1 目盛の示す実長 (μm)．CWHK10× は広視野であるために，1 目盛の示す実長は倍率の異なる P15× と等しくなる．

	接眼レンズ	
対物レンズ	CWHK10×	P15×
4×	25	25
10×	10.0	10.0
40×	2.5	2.5

[*11]効き眼の側に見えるのが使いやすいので，必要であれば接眼レンズの左右を入れ替える．

●● 10.3.3 実験 ●●

実験 1 生きた細胞の観察

試料の調製

1. スライドグラスを用意し，中央に水を一滴滴下しておく．

2. タマネギ（*Allium cepa* L.）[*12]の鱗茎から，鱗片葉を一枚剥ぎ取る．図 10.5 左に示すように，その内側（凹面）表面に，カミソリを使って，5 ~ 7 mm 程度の格子状に刻みを入れる．一片の角から，ピンセットで注意深く表皮（乳白色の膜）をはぎ取る．

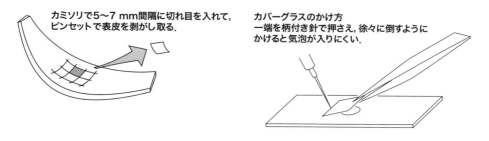

図 10.5: 試料の調製

3. スライドグラスに，はぎ取った表皮を浮かべる．このとき，標本の方向（鱗茎の上下）をノートに記録しておく（考察問題 1 を考えるために必要である）．

4. 次に，カバーグラスをピンセットでつまみ，表皮とカバーグラスの間にできるだけ気泡を入れないように被せる（図 10.5 右）．気泡が入った場合は，柄付針の柄で軽く押さえて，気泡を取り除いてもよい．カバーグラスからスライドグラス上に出た余分な水は，キムワイプできれいに吸い取る．このとき，水分を取り過ぎると，表皮がカバーとスライドの間で押しつぶされ，細胞が損傷を受けてしまうため，吸い取り量に注意する必要がある．また，スライドグラスの裏側が水でぬれた場合も，きれいに吸い取ってから検鏡する．

細胞の観察

a) 低倍率での観察

1. プレパラート上の表皮片が，ステージの中央（コンデンサーレンズの上）に来るように置く．鏡筒には 10 倍か 15 倍の接眼レンズ（接眼ミクロメータの入ったもの）を装着し，レボルバーを回して 4 倍の対物レンズをセットする．

[*12]タマネギに付けられた学名（種名）である．学名はラテン語（あるいはラテン語型）で表記され，世界共通に使える生物の名前である．*Allium* は属名を，*cepa* は種小名を表す．種名は通常このように属名種小名を連記する（二名法）．最後の L. は命名者（この場合はリンネ Carl von Linné）を示す．

2. まず，接眼レンズは覗かずに顕微鏡本体を横から見ながら，粗動ハンドルを使ってステージを止まるところまで上げる．このとき，粗動ハンドルストッパーが解除されている（レバーが押し下げられている）ことを確認する．

3. 次に，接眼レンズを覗き込みながら，粗動ハンドルを回して徐々にステージを下げ，表皮細胞が見られる位置で止める．ピントが合わないままステージが下まで下がってしまったら，接眼レンズから目を離し，顕微鏡を横から見ながら再びステージを最上部まで上げる（接眼レンズを覗き込んだまま，粗動ハンドルでステージを上げてはならない）．

4. 全体をよく観察し，気泡が封じ込まれた部分と気泡のない部分を確認する．気泡がない部分を選んだら，その部分が視野の真ん中に来るように，メカニカルステージを操作してスライドグラスを動かす．

5. 焦準はそのまま，レボルバーを回して対物レンズを 10 倍にして，接眼レンズから標本を覗きながら，微動ハンドルを使い正確に焦点を合わせる．

6. 光源の明るさと，コンデンサー右側にある虹彩絞りを開閉して光量を調節し，どのように見え方が変化するかを確かめて，最もよく見える条件を探す．無染色の標本ではコントラストを得るために絞りをほとんどいっぱいまで絞る必要がある．

7. 観察結果はスケッチとして記録する．

8. スケッチには必ず実長を示すスケールバーを入れる必要がある．観察段階では，そのために必要な各部の長さ（この時点では接眼ミクロメーターの目盛り数でよい）を記録しておく．

9. スケッチに表せない観察事項，動きの様子や立体的な構造の分布などは，実験ノートに記載しておく．

10. 観察の要点

    (a) どのような形の細胞がタマネギ鱗茎の表皮を構成しているだろうか．鱗茎の方向とも関連づけて観察せよ．10 個程度の細胞の輪郭をスケッチして表せ．

    (b) 細胞の中に核があることを確認できる細胞を探し，核がどのように観察されたかスケッチに描き加える．

    (c) 以上をまとめると，この倍率で観察すべき事項は以下のとおりである．
    細胞の形，大きさ，並び方，
    核の存在，核の細胞内での位置．

b)　高倍率での観察

1. 低倍率の観察が終わったら，見たい細胞を視野の中央になるようにプレパラートを移動し，ステージの位置はそのままにして，レボルバーを回して 40 倍の対物レンズに変倍する．このとき，10 倍の対物レンズで正しく照準されていれば，対物レンズとカバーグラスが接触することはない．接眼レンズを覗いて，おおよそのピントがあっていることが確認できたら，粗動ストッパーレバーを押し上げてストッパーをかけておくと，粗動ハンドルではそこより上にステージが上がらなくなり安心である．あとは**微動ハンドルのみを使い**，焦点を合わせる．

┌─────────────── ！作業距離に注意！ ───────────────┐

- 40倍の対物レンズでは，作業距離（焦点の合った状態でレンズ先端とカバーグラスの距離）は 0.5 mm 程度しかない．粗動ハンドルを使うとレンズと標本が激突する事故を招く．プレパラートのセット，取り外しもこの倍率では行わないこと．

- 40倍の対物レンズで観察中に焦点を失ったら，対物レンズを 10 倍に戻してから照準し直すこと．40倍の対物レンズで直接照準はできない．

└───┘

2. この倍率では，視野はより暗くなる．光源の強さと絞りをあらためて調節せよ．また，焦点深度が非常に浅くなるので，細胞の全体を観察するためには，焦準を上下に移動しながら立体的に観察する必要がある（フォーカス・スキャン）．

3. ひとつの細胞をスケッチする．ただし，下記「観察の要点」に挙げた構造が実際の 1 細胞ですべて観察できるとは限らない．その場合には他の細胞を観察して補う必要がある．複数のスケッチを作成した場合には，それぞれにスケールバーが必要となることに留意せよ．

4. 観察の要点

(a) 核：核はどのような形と大きさをしているか．三次元の形状を持つことに留意して観察せよ．また，核のなかに粒状に見える構造（核小体：nucleolus）が観察できるか．核小体については，このあと染色した標本でさらに確認することになる．

(b) 細胞壁：細胞壁は一様な厚さであろうか．ところどころに厚さが薄くなるようにくびれている部分やくぼみのようなものが見られれば，その部分は膜孔または壁孔と呼ばれる．ここでは二次細胞壁が形成されていない．真ん中に筋状に残っている部分は，隣の細胞との接着部分で，中葉と呼ばれている．

(c) 原形質流動：細胞壁に沿った細胞質部分を注意深く観察すると，微粒子が一方向に流れている．これが原形質流動である．細胞内のどこに流動が見られるか，注意深く観察せよ．
なお，微粒子が狭い範囲で不規則な動きをしているのはブラウン運動である．ブラウン運動のみで流れが見られない場合は，その細胞は死んでいる．ほとんどの細胞が死んでいるようであれば標本を交換せよ．
また，材料によっては表皮片をしばらく水に浸しておくことで流動が活発となることもある．

(d) 液胞：核および細胞小器官は細胞質の中に存在する．これらの構造物が観察されない部分は液胞である．液胞を包む液胞膜（tonoplast）自体は光学顕微鏡では観察できないが，微粒子として観察される細胞小器官の有無によって細胞内での液胞の分布を知ることができる．細胞が三次元の広がりを持つことに留意して液胞と細胞質の細胞内での分布がどのようなものか観察せよ（この後の暗視野観察ではさらに明瞭に観察できる）．

(e) 原形質流動の速度：接眼ミクロメータの一定の目盛りを微粒子が移動する時間を測り，換算表（p. 124 の表 10.1）から微粒子の流動速度を求める．測定は少なくとも 7 回は行うこと．微粒子が観察しにくい場合には，この後の暗視野観察で測定してもよい．

(f) 以上をまとめると，この倍率で観察すべき事項は以下のとおりである．
核：核の形，大きさ，核小体の存在．

細胞壁：細胞壁の厚さ，壁孔の存在.

細胞小器官と原形質流動：原形質流動で微粒子が運動する様子，微粒子の運動速度や運動方向など流動の仕組みを考えるために必要な事項，流動速度の測定.

液胞：流動が見られる部分と見られない部分の分布.

5. 時間に余裕があれば，ネギ（*Allium fistulosa* いわゆる長ネギ）の表皮組織を用いて原形質流動を測定し，多数のデータを集めて統計処理してみると面白い. ネギの表皮細胞はタマネギに比べると軸方向に非常に長く，直線的な流動を測定できる，各自 20 データほどを取ってグループで集計すれば，平均速度，速度のばらつき具合などそれなりの統計的検討が可能である.

c) 簡易暗視野照明による観察　暗視野観察は照射光を視野に入れず，試料からの反射・散乱光のみを観察する方法で，a），b）での明視野観察では見ることのできなかった細胞内の微小な粒子を観察することができる（暗視野観察の原理については，章末参考の解説 10.5.1 を参照のこと）. 本格的な暗視野照明を行うためには専用の暗視野コンデンサを用いる必要があるが，ここではリング・スリットを装着した簡易暗視野コンデンサで観察を行なう.

1. コンデンサを右にスライドさせて暗視野コンデンサに切り替える.

2. コンデンサの位置は最上端，調光ダイアルは最大の 10 にする.

3. 10 倍の対物レンズで観察すると，細胞内の微小な粒子が白く輝いて見える.

4. 暗視野観察では，細胞内の粒子の分布状況を把握することができる. この粒子が存在するところが原形質であり，粒子の観察されない部分は液胞であると考えてよい. 微動照準ハンドルをゆっくりと回して焦点を細胞の最下面から最上面まで動かして，粒子の立体的な分布状態から，細胞全体の中で液胞と原形質がどのように分布しているかをイメージせよ.

5. 40 倍の対物レンズでは，光源の非平行性の影響が大きくなり，あまり良い暗視野状態を得ることが出来ないかもしれないが，より高倍率で観察したい場合には試してみてもよい.

実験 2 核の染色

1：酢酸カーミンによる染色

- 実験 1 と同様に表皮をはがし取る.

- スライドグラスに表皮を置き，酢酸カーミン液を滴下してカバーグラスで封じる. 余分な酢酸カーミン液をキムワイプで吸い取り，検鏡せよ[*13].

- 低倍率で核が染色されていることを確認する.

- すべての細胞に核が観察できるか. 核の形，大きさ，細胞内での位置を観察する.

[*13] 分裂中の細胞の染色体を観察する場合などはカバーをかけずに数分間置いて十分に染色を行なった方がよい. ここでは核の存在を確認できればよいので特に染色時間を長くとる必要はない

- さらに，核内で染色は均一だろうか．高倍率で詳しく観察してみよ．10.2.2 を参照して，その意味を考えてみよ．この場合は開口絞りを開き気味にするとよい．

2：メチルグリーン・ピロニン染色

- 実験1と同様に表皮をはがし取り，スライドグラス上に置く．エタノールを1滴かけて固定を行う．

- 2～3分後，エタノールがほぼ蒸発したら，表皮片をピンセットか柄付針でそっと動かし，表皮片の下に残ったエタノールも蒸発させる（エタノールが残ると染色に悪影響がある）．

- メチルグリーン・ピロニン溶液を1滴滴下して，5分間染色した後，色素溶液をキムワイプで吸い取り，新たに水を滴下してカバーグラスで封じて，検鏡する．

- 核が原理で述べたように染色されているだろうか．なるべく形の整った核を探して観察，スケッチせよ（萎んだように見える核は，固定の際に脱水の影響を受けたものである）．

- 核内の染色の濃淡にも注意してみよ．その意味を考えよ．

- 細胞質はどのように染色されているだろうか．ただし，固定の際に液胞が脱水され原形質分離を起こしていたり，液胞膜が破壊されることもあり，細胞質の形や分布は生細胞の状態をそのまま反映してはいない．

- 時間があれば，メチルグリーンのみ，あるいはピロニン Y のみの染色も行い，比較してみるとよいだろう．

実験 3 蛍光顕微鏡による観察

　この実験は，TA によるデモンストレーションである．各自ノートを持って，グループごとに蛍光顕微鏡の所に行き，TA の説明にしたがって観察する．

試料の調製

1. DAPI 染色

   DAPI 染色液をスライドグラスに取り，表皮を浮かべてカバーグラスで封じる．生細胞を染色するには30～40分かかる（ミトコンドリア DNA まで染色するためには120-150分程度必要）．固定を行う場合には，スライドグラスに表皮を置き，ファーマー固定液あるいはエタノールを1滴たらして，5分程度固定する．その後，DAPI 染色液を1滴滴下してカバーグラスで封じる．この場合は5分程度で染色される．DAPI の蛍光は比較的長寿命であるが，染色を確認した後は，できるだけ遮光しておくのがよい．

2. DiOC$_6$ 染色

   DiOC$_6$ 染色液をスライドグラスに取り，表皮を浮かべて5～10分程度染色する．その後，染色液をろ紙で吸い取り，あらためて水を滴下してカバーグラスで封じる．染色が不安定なので，数枚の標本を用意しておく．励起による退色および構造損傷があるので染色確認後は，遮光しておく．

観察

　注意！　蛍光顕微鏡のステージからもれてくる光は励起光であり，紫外線を含む．顕微鏡の前に座った観察者のためには紫外線フィルターが設けられているが，脇から見る者は直視しないように．

1. DAPI で染色した標本を蛍光顕微鏡で観察すると，核が青白く染色されている．DAPI は DNA に結合する色素であり，細胞内の DNA のほとんどが核に局在していることがわかる．

   また，核を高倍率で観察すると，核内に染色されない小部分があるのがわかる．これは核小体である．

   さらに，染色状態が良ければ，原形質流動で動いていた微粒子も，青白い蛍光を放つことを確認することができる．この粒子は，ミトコンドリアであり，ミトコンドリアも独自の DNA を持つことがわかる．

2. 　DiOC$_6$ で染色した標本では，深緑色に染まった微粒子が原形質流動に乗って流れる様子を観察できるだろう．これはミトコンドリアである．明・暗視野観察で見た，原形質流動で移動していた粒子の多くがミトコンドリアであったことが分かるだろう．

   良いコンディションで染色されていれば，倍率を上げるとミトコンドリアの形を見ることができる．長瓜形がさまざまに折れ曲がった形状が分かるだろうか．

Section 10.4
実験結果のまとめとレポート

細胞のスケッチの仕上げ

1. スケッチは低倍率のものと高倍率のものの，少なくとも二種を作成する．

2. スケッチには必ずスケールバーを入れること．スケールバーは 100 μm とか 500 μm といった区切りの良い単位長さとすること．

3. 観察できた各部分の名称を（可能な限り英語を用いて）記入する．

4. ケント紙に描いたスケッチには，必ずそれぞれのスケッチごとに図番号とタイトルをつける．電子ファイルに取り込むためにはスキャナでスキャンし（スマートフォンのスキャナアプリでよい），レポート中の該当する箇所に挿入する．図は縮小せず原図と同じ大きさで挿入する．図番号とタイトルあるいは各部の名称は，電子ファイルに取り込んだ後，デジタル的に挿入してもよい．

原形質流動

　計測した原形質流動の流動速度を μm/s を単位として表せ．「結果」の項には，いきなり平均値だけを記すのではなく，実際の測定データをまず記載し，その上で平均値を求める意味があると考えるのであればそれを計算せよ．余裕があれば一つの細胞での測定だけでなく，いくつかの細胞で測定を行うとよい．また，グループ内で測定結果を比較検討してみるのも興味深いであろう．

レポートの作製

レポートは,「目的」「原理」「材料と方法」「結果」「考察」「結論」「参照文献」の各章で組み立てる.「原理」の章では今回用いた染色法の原理についてのみ記述すればよい. 材料については必ず学名 *Allium cepa* L.[14]を記すこと（生物材料を用いた実験を報告する際の基本である）.「結果」の章では, スケッチや測定数値を参照して, 観察した客観的事実を**文章で記述すること**.「観察結果は図1の通り」といった記述ではレポートにはならないので注意.

「考察」では, 以下の問題に基づいて, 観察から考えられる細胞の構造と機能について考察せよ. ただし, これらの問題のうちどれを取り上げるかは授業中に指示する. なお, 問題5, 7で参照した文献をはじめ, 引用した文献は必ず「参照文献」に記載すること.

「結論」は, レポート全体の要約であると考えればよい.

考察問題

1. 細胞の形状と鱗茎の方向から, 鱗茎の生長についてどのようなことが考えられるか.

2. 染色剤の性質から, 染色して観察された細胞内の構造についてどのようなことが考えられるか. 蛍光観察を含めて, 用いた染色剤のそれぞれについて記述せよ. なお, メチルグリーン・ピロニン染色では核だけでなく細胞質の染色状態についても注意せよ.

3. 原形質流動が見られる部分は細胞質, 流動する微粒子が見られない部分は液胞であると考えられる. ここから, タマネギ表皮細胞の細胞質と液胞の空間的配置はどのようなものと推測されるか. 細胞の立体的な構造を模式図として表し, 説明せよ. さらに核はどちらの領域に存在するだろうか. 観察事項に加えて, 各領域の機能も考慮して考察せよ.

4. 原形質流動では, 液流に乗って粒子が動いているのだろうか, それとも粒子自身が運動しているのだろうか. 観察から予想してみよ.

5. 液流が起こるにせよ粒子自身が運動するにせよ, そこには運動を起こす分子的メカニズムとエネルギー消費があるはずである. 原形質流動の分子的メカニズムと, それを支えるエネルギーについて調べてみよ. 原形質流動（細胞質流動）だけでなく, 小胞輸送, モータータンパク質, 細胞骨格, 細胞運動などをキーワードにして調べると良いだろう.

6. 測定した原形質流動速度と細胞のサイズから, 物質が細胞の一端から他端まで移動するのにかかる時間を見積り, 単純拡散による場合と比較し, 原形質流動の必要性について考察せよ. ただし, 水溶液中での分子の拡散は, 時間 Δt とその間に分子が動く平均二乗距離 $\overline{x^2}$ の関係として式10.2のように記述できる. 拡散定数 D はおよそ 10^{-6} から 10^{-8} $cm^2 \cdot s^{-1}$ である.

$$\overline{x^2} = 2D\Delta t \tag{10.2}$$

7. 観察することのできた細胞内の小器官（オルガネラ）について, その役割（働き）について調べてみよ.

---

[14]最後の L. は人名なのでイタリックにはならない

Section 10.5

参考

●●　10.5.1 暗視野観察の原理　●●

暗視野観察は，照射光を視野に入れず試料からの反射・散乱光のみを観察する方法である．

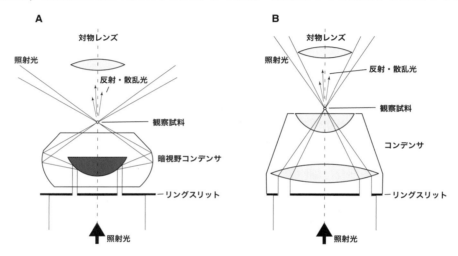

図 10.6: 暗視野照明の原理．A: 専用の暗視野コンデンサを用いた場合．B: リングスリットのみを用いる簡易暗視野法．

　照射光は，コンデンサの下部にあるリング絞りでリング状の照射光となる．暗視野コンデンサを用いた場合には，リング状の光は暗視野コンデンサ内の半球ミラーとコンデンサ内壁で反射されて試料に集光する．リングスリットのみを用いる簡易暗視野法の場合には，リング状の照射光が観察試料に焦点を結ぶようにコンデンサが調節されている必要がある．いずれにしても，試料にあたった光のうち，透過光はそのまま光路に沿って進むため，対物レンズには入射しないが，反射，散乱された光は対物レンズによって集光される．このため，観察者の視野には照明の透過光は入らず視野は暗くなる．その中に試料によって反射・散乱された光が浮かび上がるように見えるため，光の透過性が大きい (透明に近い) 微粒子や細い繊維など，通常の明視野照明では観察の困難なものも観察することができる．また，十分な反射・散乱光があれば，試料物体の大きさが顕微鏡の解像度より小さくても観察することができる[*15]．

●●　10.5.2 蛍光顕微鏡　●●

　この実験で使用する落射型蛍光顕微鏡オリンパス BX53-FLA について，簡単にその原理などを解説する．

[*15]実際，太さ 10~35 nm しかない細菌の鞭毛も，暗視野法によって観察することができる．

蛍光（fluorescence）　　物質に光をあてると，その電子の状態に応じて，特定の波長の光が吸収される．吸収された光のエネルギーによって，物質の電子状態は基底状態から励起状態へと遷移する．多くの場合，このエネルギーは，分子の衝突の際の熱として失われるが，ときには電子が元の基底状態に戻るときに光として放射されることがある．これが蛍光である．吸収によって得たエネルギーが100%の効率で放出されることはありえないから，蛍光の波長は，吸収した光（励起光という）の波長よりも長波長側にシフトする．

蛍光顕微鏡　　蛍光顕微鏡は被検体に励起光を照射し，発生する蛍光を観察するための光学系を備えた顕微鏡である．試料自身がもつ蛍光性物質から発せられる蛍光を一次蛍光または自家蛍光という．これに対して，試料を蛍光性物質で処理（染色）することにより，細胞や組織内の特定の物質や構造に結合した蛍光物質から発せられる蛍光を二次蛍光という．この方法ではさまざまな構造や物質に親和性のある蛍光色素を用いることができ，細胞や組織の構造だけでなく，時にはそれらの動的な状態を知る上で極めて有効な手段となっている．蛍光顕微鏡は，励起光を照射する方式から，透過型と落射型に分けられる．

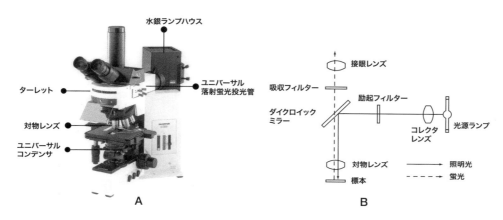

図 10.7: A: オリンパス BX50-FLA 各部名称　　B: 落射型蛍光顕微鏡の原理

　落射型蛍光顕微鏡の特徴は，図 10.7 B に示すように，ダイクロイックミラー（dichroic mirror）によって，励起光と蛍光を分離し，励起光を対物レンズを介して標本に照射し，標本からの蛍光を効率良く観察する点にある．

　ダイクロイックミラーは，光の波長により，透過／反射効率の異なる鏡で，45 度入射の場合，ある波長を境に短波長の光は反射し，長波長の光は透過する特性を持っている．前述のように，蛍光は励起光よりも長い波長を持つため，このミラーを用いれば，励起光のみを反射させ，蛍光のみを透過させることが可能となる．実際には，反射と透過の切り替えは完全ではなく，いくらかのオーバーラップは避けられない．このため，励起光，蛍光のそれぞれに波長範囲を制限するフィルターを介して，光の分離効率をより高めている．

　本体後部のランプハウス内にある光源ランプから発した励起光は，コレクタレンズで角度と絞りを調節されたあと，ターレット内にあるキューブに入射する．キューブは，ダイクロイックミラーとそれに対応した励起光フィルタ，吸収光フィルタがセットになったもので，用いる光の種類（波長範囲）に応じて数種類が用意され，ターレットで切り替えられるようになっている．キューブ内のダイクロイックミラーで反射された励起光は，対物レンズを通って標本に当たり，標本の蛍光色素を励起させる．ここ

から放射された蛍光は，対物レンズを通り，ふたたびキューブに入射し，ダイクロイックミラーを透過し，接眼レンズへ導かれる．

　蛍光観察の際に重要なのは，染色に用いた蛍光色素に合わせた適切なダイクロイックミラーとフィルターを選択することである．この実験で用いる蛍光顕微鏡には，4 種類のキューブが備えられており，ターレットによって選択することができる．表にそれぞれのキューブの用途を示した．

表 10.2: キューブのダイクロイックミラー，フィルター組合わせと用途

キューブ名	ダイクロイックミラー	励起フィルター	吸収フィルター	用途
U-MWU	DM400	BP330-385	BA420	自家蛍光 DAPI 染色
U-MWBV	DM455	BP400-440	BA475	quinacrine 染色 acriflavine 染色
U-MWIG	DM565	BP520-550	BA5801F	rhodamin 染色 TRITC 染色
U-MNIBA	DM505	BP470-490	BA515-550	FITC 染色 FITC/TRITC 同時染色 $DiOC_6$ 染色

●●　10.5.3 動物の細胞と組織　●●

　植物細胞の構造と機能，および組織については本文中に述べた．ここでは，動物の細胞と組織について，ごく簡単に解説する．なお，動植物以外の原生生物界，菌類界に属する生物の細胞は，ある部分は植物細胞と共通の，またある部分は動物細胞と類似の性質を持っており，さらにそのどちらとも異なる性質を持つものもあり，きわめて多様である．

動物の細胞　いうまでもなく，動物の体も細胞によって組み立てられており，細胞膜，核，ミトコンドリア，ゴルジ体や小胞体などは，植物細胞と同様の機能を担う．一方，動物の細胞に特徴的な性質もある．植物細胞と比べたときの動物細胞の特徴は，以下のようにまとめられる．

- 細胞壁を持たず，細胞表面は種々の糖タンパク質や糖脂質の糖鎖で被われる．これらの糖鎖は細胞を保護するとともに細胞同士の認識や情報伝達に関わっている．

- 葉緑体，およびそれ由来の色素体を持たない（独自の色素顆粒を持つ細胞は種々ある）．

- 通常，液胞は細胞に比べて非常に小さい．

- 分化が著しく，組織により細胞の大きさ，形，機能が大きく異なる．われわれヒトの体を構成する細胞も，赤血球のように核を失ったもの，座骨[16]神経細胞のように長さ 1 m 以上にも達するもの，骨格筋細胞のようにいくつもの細胞が融合して多核となったものなど，多種多様である．また，神経細胞や心筋細胞のように，成長後は分裂を行わないものもあれば，肝細胞のように活発

---

[16]理学（動物学）の用語ではこちらを用いるが，医学用語では坐骨の字を用いる

に分裂増殖を行うものもある．さらには上皮細胞や血球のように，完全に分化した細胞は分裂しないが，分化過程のままに留まっている幹細胞が活発に分裂することで更新を続けるものもある．

- 高等動物の細胞では，発生過程で分化したあとは，その性質は固定され変化しない．植物では簡単に起こる脱分化とそれに引き続く増殖・再分化は高等動物では通常は起こらない．植物では体細胞からのクローン体は自然界にもありふれているし（球根，芋），人為的に作成することも容易である（挿し木）．一方，高等動物の体細胞を脱分化・再分化することは困難であった．山中伸弥らは，2006 年，分化したマウス細胞を初期化して，分化多能性を持つ人工多能性幹細胞（iPS細胞）を作成し，翌 2007 年にはヒトの細胞でも iPS 細胞の作成に成功した．この "分化した細胞の初期化" の業績に対して 2012 年，ノーベル医学・生理学賞が与えられた．

動物の組織　動物の細胞はおよそ 200 種類に分類されている．ただし，その分類は，古くは顕微鏡的な形態や，染色のされ方に基づくものが多く，近年になるに従い，免疫学的，薬理学的な性質で区別できるようになったものが増え，分類は一様ではない．以下に示すのは，現在一般的に認められている，動物組織の機能に基づいた大分類である．また，組織は細胞だけで構成されているのではなく，細胞と細胞の間を埋める細胞間物質（細胞外マトリックス）も重要な役割を果たしている．例えば，骨組織では，骨細胞は重量で 15%ほどを占めるに過ぎず，その他は細胞がつくり出したコラーゲンやリン酸カルシウムなどからなる細胞間物質で埋められている．

1. 上皮組織（epithelial tissue）

    (a) 保護上皮（protective epithelium）

    (b) 腺上皮（glandular epithelium）

    (c) 吸収上皮（absorbent epithelium）

    (d) 感覚上皮（sensory epithelium）

    (e) 胚上皮（germinal epithelium）

2. 支持組織（supporting tissue）

    (a) 固形結合質（solid connective substance）

        i. 結合組織（connective tissue）

        ii. 軟骨組織（cartilage tissue）

        iii. 骨組織（bone tissue）

    (b) 液性結合質（fluid connective substance）

        i. 血液（blood）

        ii. リンパ（lymph）

3. 筋組織（muscular tissue）

    (a) 平滑筋組織（smooth muscular tissue）

    (b) 骨格筋組織（skeletal muscular tissue）

    (c) 心臓筋組織（cardiac muscular tissue）

4. 神経組織 （nervous tissue）

    (a) 神経細胞 （neuron）

    (b) 神経繊維 （nerve fiber）

    (c) 神経膠 （neuroglia）

●●　10.5.4 試薬の調製　●●

この節は主として準備に携わる TA，スタッフのための覚え書きである．

- 酢酸カーミン染色液

カーミン（メルク製）1 g を 45%酢酸溶液 100 mL に懸濁して煮沸し，飽和溶液を作り，室温まで冷却後，これをろ過してろ液を保存する．

市販の酢酸カーミン液を使用することもできる．（TCI A 0050 Acetocarmine solution）

- メチルグリーン・ピロニン染色液

DNA と RNA を染め分ける染色法として古くから使われているが難しい技術である．色素製品の純度，色素液の pH，固定方法などによって染色状態は大きな影響を受ける．染色液の処方も過去さまざまなものが報告されてきているが，実際の材料で染色して確認することが必要である．

メチルグリーン，ピロニン Y はそれぞれ 4%水溶液を stock solution として作成しておく．

母液として 25 mM sodium-acetate buffer, pH 4.7 を作成，保存しておく．

acetate buffer に各色素の 4% stock solution を終濃度 0.02%となるように加える（1/200 に希釈）．

作成した染色液は暗所で室温保存する．

- DAPI （4',6-diamidino-2-phenylindole）保存溶液

1 mg/mL になるように DAPI を純水に溶解して冷凍庫で保存する．さらに使用しやすいように，1.5 mL のチューブに 1 μL ずつ分注して冷凍庫で保存する（分注したものが残り少なくなったら，適宜分注しておく）．使用時にはこれに純水を 1 mL 加える（1000 倍に希釈する）．

希釈して残った DAPI 溶液は，遮光して冷凍庫で保存すれば 2 週間程度は使える．

使用済みの廃液は流しに流さず，紙で拭き取って処理すること．

- DiOC$_6$ （3,3-dihexyloxacarbocyanine iodide （シグマ製, #31,842-6））保存溶液

100 μg の DiOC$_6$ を 1 mL の DMSO（dimethyl sulfoxide）に溶解し，100μg/mL の濃度にして保存する．さらに使用しやすいように，1.5 mL のチューブに 1 μL ずつ分注して冷凍庫で保存する（分注したものが残り少なくなったら，適宜分注しておく）．使用時にはこれに純水を 1 mL 加える（1000 倍に希釈する．終濃度 0.1 μg/mL）．

希釈して残った DiOC$_6$ 溶液は，遮光して冷凍庫で保存するが，使えるのは 2 日程度である．褐色を呈してきたらもはや染色には使えない．

使用済みの廃液は流しに流さず，紙で拭き取って処理すること．

付録

付録 A

測定値の取り扱いとグラフの描き方

　実験では**測定器具の使用法**を理解し，できるだけ正確に測定値を読み取ることが重要である．測定器具を正しく使用しないと間違った値や片寄った値を読み取ってしまうことになる．しかし，正しい測定を行っても実験で得られる測定値にはさまざまな制約に伴う**不確かさ**がある．それは測定器具の不確かさの場合もあるが，確率的な現象により測定値が変動している場合もある．このため測定値と真の値との差（**誤差**）に配慮した取り扱いが必要である．また，**グラフの活用**は測定結果の特徴を視覚的にすばやく読み取ることができ非常に有効である．

Section A.1
測定値の読み取り方

アナログとデジタル

　アナログ量とは連続的に変化する量のことである．これに対して，デジタル量とは 0，1，2，… と数字で正確に表現される量であり，0 と 1 の間には値がない離散的な量である．電流や長さ，液体の量など自然科学実験で測定する大部分の量はアナログ量である．本テキストにおける測定でデジタル量となるものには，Balmer 系列線の番号（課題 7「光のスペクトルと太陽電池」），振動モード（課題 9「弦の振動と音楽」），ひものねじれ数（課題 13「生体高分子の形と働き」）などがある．

　測定器でデジタル量を測定した場合には，測定量をそのまま数値としてデジタル表示することができる．しかし，アナログ量の測定では，メーターなどで測定量を連続的にアナログ表示する場合と，電子回路を用いてデジタル化（数値化）を行なってからデジタル表示する場合がある．デジタル表示ではアナログ量も離散的に表されるが，0.1，0.01 のように離散的な値の間隔を小さくすることはできる．しかし，小数点以下の数字を無限に続けない限り連続的な表現はできない．

図 A.1: アナログ時計（左）とデジタル時計（右）．

　アナログ表示とデジタル表示の違いは，図 A.1 の時計を例として理解することができる．図左のアナ

ログ時計の針は連続的に動いており，盤面上の 1 分刻みの目盛と針の位置関係から 10 時 9 分と読み取ることができる．さらに針の位置を目盛の刻みより細かく読み取ることで 10 時 9 分をおおよそ何秒過ぎているかもわかる．図右のデジタル時計では時刻が 10 時 9 分であることは確実に読み取れるが，表示された時刻は離散的であり 1 分以下の細かな時間を知ることはできない．

　アナログ表示の利点は，針の位置からおおよその値をすぐに読み取れることである．たとえば，時計を見る場合には 10 時 9 分何秒と正確な値を必要とするよりは，10 時をおおよそどのくらい過ぎているのかを知りたい場合が多い．ただし，アナログ表示の場合には読み間違いや読み方の癖などにより正しい値を得られない場合がある．これに対して，デジタル表示では読み取りの間違いが起こりにくい．

> ─ 注意 ─
> 諸君らの中に「デジタル表示の装置の方が誤差が少なく正確である」と考えている人がたまに見受けられるが，それは**誤り**である．測定器の精度は表示方法によって決まるものではない．デジタル表示の測定器の利点は，読み間違いによる誤りが起きにくいことである．

目盛（ものさし，メーター，メスシリンダーなど）

　アナログ量の読み取りは，測定されるもの（ものさしでは対象物，メーターでは針，メスシリンダーでは液体上面）と測定用目盛との位置関係を目で確認して行なう．自然科学実験に用いる測定器は 1 mm 程度の間隔で目盛が刻まれている場合が多く，目盛の刻みの値までは正確な読み取りができる．通常の測定では**刻みの 1/10 の値**まで読み取りを行なうが，この値には読み取り誤差が含まれているものと考えて次節の**有効数字**の取り扱いを行なう．個人の癖による読み取り誤差を減らすためには，実験パートナーと交互に読み取りを行って互いに比較をしながら測定を行なうとよい．

　アナログ量の測定において重要なことは，視線を測定用目盛に垂直とすることである．図 A.2 に示したものさしの例では，(a) の実線で示された視線はものさしに垂直であるが，破線の場合には視差による読み取り誤差が生じる．これをさけるには (b) のようにものさしの目盛を物体に密着させるとよい．

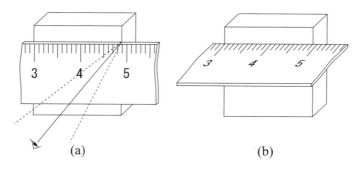

図 A.2: ものさしによる長さの測定．(a) の場合には視差による誤差が生じる恐れがある．

　図 A.3 に示したメーターの場合も同様に視線を目盛板に垂直とする．目盛板に鏡がとりつけてあるメーターでは，実物の針と鏡に映った針が重なるようにする．電流計や電圧計などでは，使用する測定端子によって読み取りに用いる目盛が異なるので注意が必要である．メスシリンダー（図 A.4）などを用いて液体を測定する場合には，液面の底[*1]に目の高さを合わせて底面と視線が一直線となるようにして目盛を読み取る．

[*1]水銀のように液面がもりあがる液体では，上面を読み取る．

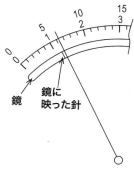

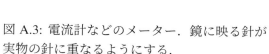

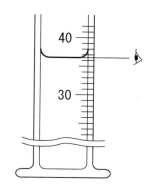

図 A.3: 電流計などのメーター. 鏡に映る針が実物の針に重なるようにする.

図 A.4: メスシリンダーによる液体体積の測定. 目の高さは液の底面に合わせる.

副尺（ノギスなど）

　副尺は，主尺の最小目盛の 1/10（または 1/20，1/30）まで正確に測定するためのものである．副尺による読み取りの原理は次の通りである．主尺の最小目盛の間隔を 1 mm としたとき，副尺には n 個（$n = 10$，20，30）の目盛が対応する主尺目盛よりも $1/n$ mm だけ狭い間隔で刻んである（図 A.5 のノギスでは主尺 2 目盛に副尺 1 目盛が対応）．副尺の 0 の目盛が主尺目盛の m 番目と $m + 1$ 番目の間にあるとしよう．主尺と副尺の目盛のずれは副尺 1 目盛につき $1/n$ mm ずつ小さくなるので，l 個目の副尺目盛で主尺目盛と一致しているときには副尺の 0 目盛での主尺目盛からのずれは $l \times 1/n$ mm となる．したがって，測定値を $m + l/n$ mm と主尺目盛の $1/n$ の精度で読み取ることができる．

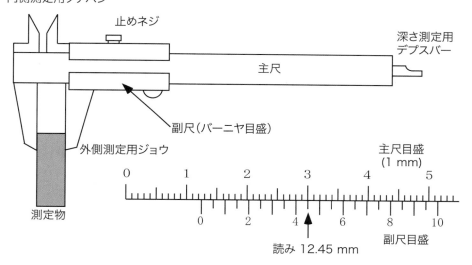

図 A.5: ノギスの構造と副尺による長さの読み取り方.

　図 A.5 のノギスは主尺目盛 1 mm，副尺目盛数 $n = 20$ であり，0.05 mm の精度で長さを読み取ることができる．ノギスを用いて物の厚さを測るには，図のように測定物をジョウ（くちばし状の部分）にはさみ，まず，副尺が 0 の所の主尺の目盛を読む（図では 12 mm）．次に副尺目盛と主尺目盛の一致する

所の副尺目盛を読む．副尺の 1 目盛は 0.05 mm であり，図では副尺目盛の 9 番目（0.45 mm）が主尺の目盛と一致している．最後に主尺目盛の数字と副尺の数字を足して 12 + 0.45 = 12.45 [mm] となる．

ねじマイクロメータ

　ねじは 1 回転すればねじ山が 1 つだけ進む．ねじマイクロメータはこの原理を利用して長さを精密に測定する装置である．図 A.6(a) がその構造である．AB 間（A：アンビル，B：スピンドル）に測定しようとする物体をはさみ，まず F（シンブル）を回転して AB をせばめていき，最後に G（ラチェット）を回転して B を物体に接触させ，G が空転するときの目盛 D と E を読む．G は物体と A，B 間の圧力を常に一定にする仕掛けである．C（クランプ）でねじの回転を止めておくと，物体をはずしてから目盛を読み取ることができる．ただし，クランプしたままで F を回すとマイクロメータのねじをこわしてしまうから注意すること．使用する前には必ず零点の検査をし，ずれていればその分だけの測定値に補正を加える（マイクロメータの零点には，しばしば狂いがある）．

　目盛の仕組みは以下の通りである．マイクロメータの心棒には 0.5 mm の歩み（ピッチ）のねじが刻まれており，F（E）を 1 回転すると B は 0.5 mm 進む．主尺 D には基線の両側に目盛が刻んであり，両方を合わせると 0.5 mm 毎の目盛刻みとなる．E の周囲には 50 等分の目盛が刻んであり，1 目盛が 0.01 mm となる．図 A.6(a) のマイクロメータに記入してある 0–25 mm，0.01 mm の数字は，長さ 25 mm のものまで測定できて，E の最小目盛が 0.01 mm に対応することを示す．

　D と E とから長さを読み取るためには，まず，ダイヤル E のへりが D の目盛のどこにあるかを読み取る．図 A.6(b) の例では，12.5 mm と 13.0 mm の間にある．へりが刻みに近い場合には，E の目盛が 0 の手前か過ぎているかをよく見て判断する．次に，E の目盛と D の基線（中心の線）が一致する部分を読み取る．図では E の 46 と 47 の間にある．E の値を最小目盛の 1/10 まで読み取ることにすると，E の読みは 0.465 mm となり，測定値は 12.5 + 0.465 = 12.965 [mm] となる．

　マイクロメータによる長さの読み取りでは，G を回す速度により物体にかかる圧力に差が生じ，物体の長さが変化していることがある．このため，測定を慎重に数回行い，平均値を測定値とするとよい．

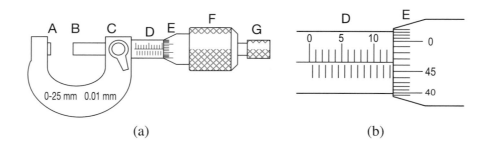

図 A.6: ねじマイクロメーターの構造 (a) と長さの読み取り方 (b).

Section A.2
有効数字

　測定値が不確かさをもっている以上むやみに数字を幾桁も並べても意味がなく，測定の精度に応じて有限個の数字で示すべきである．位取りのために用いるゼロを除いて，確からしさを考えて並べられた意味のある数字を**有効数字**という．たとえば，目盛の刻みが 0.1 cm（1 mm）のものさしで長さを 8.35 cm と読み取った場合，8.3 cm までは間違いないが，その次の桁は不確かである［5 には誤差が含まれている］ということを意味している．したがって 8.35 と 8.350 は，測定値としては異なった意味をもっている．前者は 8.34 あるいは 8.36 よりも 8.35 に近いということを意味し，後者は 8.349 あるいは 8.351 よりも 8.350 に近いということを示している．仮に四捨五入の結果として 8.35 と 8.350 の測定値が得られた場合には，四捨五入する前の値は，

$$x = 8.35 \text{ の場合, } 8.345 \leq x < 8.355$$
$$x = 8.350 \text{ の場合, } 8.3495 \leq x < 8.3505$$

である．

　8.35 cm を他の単位で表すと 0.0835 m，0.0000835 km，83500 μm などとなるが，有効数字は 835 の 3 つだけであとの 0 は位取りに生じたものである．有効数字，位取りのことをはっきり示すために

$$8.35 \times 10^{-2} \text{ m, } 8.35 \times 10^{-5} \text{ km, } 8.35 \times 10^{4} \text{ μm}$$

などと書くことにより数値の意味を明確にすることが出来る．

数値計算と有効数字

　測定値から他の量を計算する場合には，有効数字を考慮する必要がある．たとえば，半径が 8.35 cm の円の面積を求める場合に円周率が $\pi = 3.14159265\cdots$ であるからといって，

$$S = \pi \times (8.35)^2 = 219.039693\cdots \text{ [cm}^2\text{]}$$

のように電卓での計算結果を何桁も書き並べることには意味があるだろうか．実際の半径は 8.345 cm よりは大きく，8.355 cm よりは小さいので，面積の下限と上限は

$$\text{下限値 } \pi \times (8.345)^2 = 218.777449\cdots$$
$$\text{上限値 } \pi \times (8.355)^2 = 219.302095\cdots$$

となる．したがって，答えとしては小数点以下を四捨五入して 219 cm^2 と書くべきである．

　一般に，3 桁の有効数字をもつ量の掛け算では答えの有効数字は 3 桁を超えない．有効数字の桁数が異なる量同士を掛け合わせた場合には，答えの有効数字は有効数字の桁数が少ない量で制限される．上の例では，円周率 π の値としてどんなに正確な値を用いたとしても，答えの有効数字は 3 桁となる．ただし，計算中のまるめ誤差を減らすために，計算の途中では有効数字よりも桁数を多めに計算し，答えの段階で有効数字の桁数を考慮して書き込むようにする。

　掛け算以外の数値計算，たとえば割り算や関数計算でも状況は同じである．計算によって不確かさの伝わり方が異なるため一概にはいえないが，答えの有効数字の桁数は元の数値の有効数字の桁数とほぼ同じである．ただし，足し算や引き算ではそれぞれの数の大きさによっては有効数字の桁数が大きく変化する．たとえば，8.35 と 0.012 の足し算を考えてみよう．それぞれの有効数字は 3 桁と 2 桁であるが，この場合 8.35 の 5 には不確かさがある．したがって，0.012 の 2 の値は足し算の後では意味をもたないため，答えは 8.362 ではなく 8.36 と書くべきである．

Section A.3
誤差

実験により測定値 x を得たときに，実際には真の値が X であったような場合

$$\varepsilon = x - X \tag{A.1}$$

が誤差である．測定値の誤差は，その起因により大きく**系統誤差**と**偶然誤差**に分けることが出来る．この他に，限られた数の測定結果から全体を統計的に推測することによる**統計誤差**もある．

系統誤差

　系統誤差は，

- 使用する測定器の偏りや使用法の誤り
- 温度，気圧，時間等の測定条件のずれ
- 計器の読み取りなどの観測者のくせ

などが原因である．たとえば，体重計で体重を測定する場合に，0 の位置がずれていたり，斜めから針をのぞきこんだりしては正しい測定をすることはできない．このような場合には，何度測定しても測定値が真の値より小さく（または大きく）出てしまうことになる．

　系統誤差の原因は測定器の較正を確実に行い，測定条件を一定にすることなどによって小さくすることが可能である．また測定器の較正結果や測定条件を考慮に入れて，測定値を補正することが出来る．さらに測定をコンピュータを用い自動化することにより，人為的な原因（不注意，疲労などによる測定の誤り）を減少させることも可能である．

偶然誤差

　偶然誤差とは，系統誤差を除去しても種々の偶然的・不可抗力的に生じる誤差である．偶然誤差の原因の一つは，測定器やその操作の精度に限界があるために生ずる誤差である．たとえば，0.01 秒まで計時できるストップウォッチで 10.23 秒という測定結果を得た場合を考える．このストップウォッチには十分な精度があったとしても，現象を観測してからストップウォッチを押すまでにかかる時間や押し始めてからストップウォッチがスタート／ストップするまでの時間にばらつきがある．このため，手動測定には 0.1 秒程度のばらつきがあり，10.23 秒という測定値には偶然誤差として取り扱わなくてはなら

ない不確かさが含まれている．このような偶然誤差は測定を自動化することなどにより減少させることができるが，完全に 0 とすることはできない．

　測定器の精度が十分に高い場合でも，測定条件の揺らぎなどの別の原因による偶然誤差が生じる．たとえば，温度，気圧等の測定条件をできるだけ一定としても，ある範囲内での揺らぎが必ずあるため測定値に影響を与える．また，原子核崩壊などのように確率的に起こる現象では現象の発生数に揺らぎがあるため，必然的に測定値にも揺らぎが現われる．偶然誤差はどのような条件であろうとも，実験装置自身で予測したり修正することは出来ない．ここでは偶然誤差を単に**誤差**とよぶ．

　いま多数回（N 回）の測定を行い測定値 $x_1, x_2, \cdots, x_N$ を得たとし，真の値 X との誤差

$$\varepsilon_i = x_i - X \tag{A.2}$$

の分布を考える．誤差の**分散** σ^2 は測定精度によって決まる量であり，誤差の二乗の平均値

$$\sigma^2 \equiv \langle \varepsilon_i^2 \rangle = \frac{1}{N} \sum_{i=1}^{N} (x_i - X)^2 \tag{A.3}$$

で定義される[*2]．ここで，ε と $\varepsilon + d\varepsilon$ の間に入る誤差 ε_i の数を $Nf(\varepsilon)d\varepsilon$ としたとき，誤差の分布関数 $f(\varepsilon)$ は

$$f(\varepsilon) = \frac{1}{\sqrt{2\pi\sigma^2}} \exp\left(-\frac{\varepsilon^2}{2\sigma^2}\right) \tag{A.4}$$

の**正規分布（ガウス分布）**となる．分散 σ^2 が小さいことは測定精度が高いことを意味する（図 A.7）．分散の平方根 σ は**標準偏差**と呼ばれる量であり，測定値の 68.3 ％は誤差が $\pm\sigma$ の範囲内にある[*3]．実際の測定における誤差の分布がガウス分布と著しく異なる場合は，系統誤差が生じている可能性があるので実験を再検討してみる必要がある．

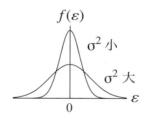

図 A.7: 正規分布曲線．

　系統誤差および偶然誤差の例として，2 人の実験者 A，B がストップウォッチで 10 回計測した結果を表 A.1 に示した．図 A.8 は，その測定結果の分布を 0.1 秒区切りで示したものである．A の測定値の分布はほぼ正規分布となっており，誤差は偶然誤差であるといえる．しかし，B の分布にはピークが 2 つある．しかも，表 A.1 を見ると明らかに後半の測定値が大きくなっており，なんらかの系統誤差が生じていることがわかる．

統計誤差

　統計誤差とは測定対象のすべてを測定することができないために，有限個の測定結果から全体を類推する場合に生じる誤差である．たとえば，歩行者の交通量調査を考えてみよう．ある 1 時間の歩行者の

[*2] $\langle\ \rangle$ は，平均をとることを意味する．
[*3] 正規分布では，誤差 $\pm\sigma$ 以内に 68.3 ％，$\pm2\sigma$ 以内に 95.4 ％，$\pm3\sigma$ 以内に 99.7 ％が分布する．

表 A.1 測定例.

回数	A / 秒	B / 秒
1	10.23	10.16
2	10.35	10.22
3	10.11	10.28
4	10.26	10.05
5	10.08	10.14
6	10.34	10.19
7	10.21	10.43
8	10.42	10.36
9	10.19	10.40
10	10.37	10.47

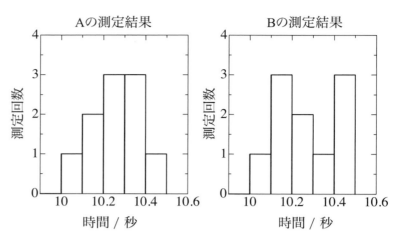

図 A.8: 測定結果の分布.

総数を測定する場合に，1 時間にわたってすべての歩行者を数えることができれば正しい測定結果が得られる．しかし，何らかの事情で観測時間が限られていたとする．まず，1 分間の測定から 1 時間の歩行者を推定する場合を考えてみよう．1 分間では，偶然大きなグループがその間に通ったり，逆に近くの信号が赤となり誰も通らないというようなことが起きるであろう．したがって，得られた測定結果の信頼性は低いことになる．そこで 10 分間と測定時間を長くすれば，信頼性が上がることが予想される．このように測定時間や測定回数を増やすことで，測定結果の信頼性を高めることができる．実際には，測定の統計的性質を十分に考慮して，測定結果の信頼性（統計誤差）を決定する必要がある．

Section A.4
誤差の伝播

測定値から他の量を計算する場合に誤差の分散がどのように伝わるかを考えてみる．一般的な場合として，2 つの独立した測定結果 x, y がそれぞれ分散 σ_x^2, σ_y^2 をもっているときに $z = F(x, y)$ で与えられる量の分散を求めてみよう．測定値 x_i, y_i に対応した z_i の誤差は近似的に

$$
\begin{aligned}
z_i - Z &= \left(\frac{\partial F}{\partial x}\right)_{x=X, y=Y}(x_i - X) + \left(\frac{\partial F}{\partial y}\right)_{x=X, y=Y}(y_i - Y) \\
&= \left(\frac{\partial F}{\partial x}\right)\varepsilon_{x,i} + \left(\frac{\partial F}{\partial y}\right)\varepsilon_{y,i}
\end{aligned} \tag{A.5}
$$

と与えられる．ここで，X, Y, Z はそれぞれ x, y, z の真の値である．したがって，z の誤差の分散は

$$
\begin{aligned}
\sigma_z^2 &= \langle(z_i - Z)^2\rangle = \left\langle\left\{\left(\frac{\partial F}{\partial x}\right)\varepsilon_{x,i} + \left(\frac{\partial F}{\partial y}\right)\varepsilon_{y,i}\right\}^2\right\rangle \\
&= \left(\frac{\partial F}{\partial x}\right)^2\langle\varepsilon_{x,i}^2\rangle + \left(\frac{\partial F}{\partial y}\right)^2\langle\varepsilon_{y,i}^2\rangle + 2\left(\frac{\partial F}{\partial x}\right)\left(\frac{\partial F}{\partial y}\right)\langle\varepsilon_{x,i}\varepsilon_{y,i}\rangle
\end{aligned} \tag{A.6}
$$

と計算できる．この式の最後の項 $\langle \varepsilon_{x,i}\varepsilon_{y,i} \rangle$ は共変分散あるいは共分散と呼ばれる量で，x, y が独立した測定である場合には 0 となる．したがって，**誤差伝播の法則**と呼ばれる式

$$\sigma_z^2 = \left(\frac{\partial F}{\partial x}\right)^2 \sigma_x^2 + \left(\frac{\partial F}{\partial y}\right)^2 \sigma_y^2 \tag{A.7}$$

が得られる．この式をいろいろな関数に適用した場合を表 A.2 に示す．ただし，測定では x, y の真の値 X, Y は得られないので，計算ではそれらの最確値（平均値）$\bar{x}, \bar{y}$ を用いる．

表 A.2 誤差の伝播の例.

z	σ_z^2
$ax \pm by$	$a^2\sigma_x^2 + b^2\sigma_y^2$
axy	$(a\bar{y})^2\sigma_x^2 + (a\bar{x})^2\sigma_y^2$
ax/y	$(a/\bar{y})^2\sigma_x^2 + (a\bar{x}/\bar{y}^2)^2\sigma_y^2$
ae^{bx}	$(abe^{b\bar{x}})^2\sigma_x^2$
$a\ln(x)$	$(a/\bar{x})^2\sigma_x^2$

a, b は定数，$\bar{x}, \bar{y}$ は x, y の平均値.

Section A.5
最小二乗法

算術平均

N 回の測定を行い，その測定値から求める測定量を直接得る場合（**直接測定**）を考えてみる．

この測定の誤差が分散 σ^2 の正規分布をしているものとすると，誤差がそれぞれ ε_i から $\varepsilon_i + \mathrm{d}\varepsilon_i$ の範囲に生じる確率は

$$\left(\frac{1}{\sqrt{2\pi\sigma^2}}\right)^N \exp\left(-\frac{\varepsilon_1^2 + \varepsilon_2^2 + \cdots + \varepsilon_N^2}{2\sigma^2}\right)\mathrm{d}\varepsilon_1\mathrm{d}\varepsilon_2\cdots\mathrm{d}\varepsilon_N \tag{A.8}$$

で与えられる．実際の測定では誤差はさまざまな値で生じ得るが，この確率が大きいような誤差が起こりやすいはずである．実際に得られた誤差は，確率が最大の条件，すなわち誤差の二乗和

$$S = \sum_{i=1}^{N} \varepsilon_i^2 = \sum_{i=1}^{N} (x_i - X)^2 \tag{A.9}$$

が最小になる条件を満たしていると考えてよい．これは S を極小にする条件

$$\frac{\mathrm{d}S}{\mathrm{d}X} = 2\sum_{i=1}^{N}(X - x_i) = 2\left(NX - \sum_{i=1}^{N} x_i\right) = 0 \tag{A.10}$$

から求めることができる（**最小二乗法**）．ただし，ここで求まる値は**最確値（そうである可能性が最も大きい期待値）**であって，正確な値でもなければ真の値でもない．最確値を X_m と表わすと

$$X_m = \frac{1}{N}\sum_{i=1}^{N} x_i = \frac{1}{N}(x_1 + x_2 + \cdots + x_N) \tag{A.11}$$

となり，**算術平均**で与えられることがわかる.

たとえば，表 A.1 の A の測定結果の最確値（平均値）は，

$$X_m = \frac{1}{10}(10.23 + 10.35 + 10.11 + 10.26 + 10.08 + 10.34 + 10.21 + 10.42 + 10.19 + 10.37)$$
$$= 10.256 \approx 10.26 \,[秒]$$

となる.

平均値の誤差（最確値の分散）

算術平均で得られた最確値 X_m の誤差について考える. 真の測定量 X からの誤差を二乗平均することにより，誤差の分散 σ_m^2 は

$$\sigma_m^2 = \langle (X_m - X)^2 \rangle = \left\langle \left(\frac{\varepsilon_1 + \varepsilon_2 + \cdots + \varepsilon_N}{N} \right)^2 \right\rangle$$
$$= \frac{1}{N^2} \left\{ N\langle \varepsilon_i^2 \rangle + N(N-1)\langle \varepsilon_i \varepsilon_j \rangle_{j \neq i} \right\} = \frac{\sigma^2}{N} \tag{A.12}$$

と得ることができる[*4]. したがって，1 回だけの測定で得られた値に比べて誤差の分散が $1/N$（標準偏差では $1/\sqrt{N}$）となり，より確かな値が得られることがわかる.

ところが，実際に誤差の分散の値を測定結果から求めようとする場合，実験結果からは真の値 X が得られないため，誤差 ε_i を残差

$$\Delta_i = x_i - X_m \tag{A.13}$$

で置き換えて計算を行なうことになる. 残差の二乗平均は

$$\langle \Delta_i^2 \rangle = \langle (x_i - X_m)^2 \rangle = \frac{N-1}{N}\sigma^2 \tag{A.14}$$

となることが知られており，測定値の真の分散 σ^2 は，

$$\sigma^2 = \frac{N}{N-1}\langle \Delta_i^2 \rangle = \frac{1}{N-1}\sum_{i=1}^{N} \Delta_i^2 \tag{A.15}$$

と残差から求めることができる. したがって，N 回の測定により得られる測定量の値 $X_{\exp}$ は

$$X_{\exp} = X_m \pm \sigma_m = \frac{\sum x_i}{N} \pm \sqrt{\frac{\sum \Delta_i^2}{N(N-1)}} \tag{A.16}$$

と与えられる.

たとえば，表 A.1 の A の測定例では，測定値の分散から $\sigma = 0.113$ が得られ，$\sigma_m = 0.0357$ となる. したがって，測定結果は

$$X_{\exp} = 10.26 \pm 0.04 \,[秒]$$

と表記すべきである. これは真の値 X が，最確値 10.26 を中心とする誤差（標準偏差）0.04 の広がりの中にある確率が 68.3 ％であることを示している.

[*4] 偶然誤差はお互いに相関をもたないため，N が十分大きい場合には $\langle \varepsilon_i \varepsilon_j \rangle_{j \neq i}$ は 0 となる.

間接測定 (最小二乗法による関数のあてはめ)

前述の例は，知ろうとする測定量 X を直接に測定器で測る直接測定であった．次に，別の量の測定を通して値を求める**間接測定**の場合について述べる．

たとえば，2 つの量 X と Y の間に

$$Y = aX \tag{A.17}$$

の比例関係があり，未知の比例係数 a を求める場合について考えてみる．X の値を x_1, x_2, $\cdots$, x_N としたときに，Y の測定値が，それぞれ，y_1, y_2, $\cdots$, y_N であったとする．X が x_i のときの Y の正しい値 Y_i は $Y_i = ax_i$ であるから，誤差の二乗和は

$$S = \sum \varepsilon_i^2 = \sum (y_i - Y_i)^2 = \sum (y_i - ax_i)^2 \tag{A.18}$$

となる．これが未知量 a により極小となる条件は

$$\frac{\partial S}{\partial a} = 2 \sum x_i(ax_i - y_i) = 2\left(a \sum x_i^2 - \sum x_iy_i\right) = 0 \tag{A.19}$$

である．したがって，未知量 a は

$$a = \frac{\sum x_iy_i}{\sum x_i^2} \tag{A.20}$$

と得られる．$\sum x_i^2$, $\sum x_iy_i$ を測定値から計算すれば，a の最確値を求めることができる．

次に，未知量が a と b の 2 つある場合として X と Y の間に

$$Y = aX + b \tag{A.21}$$

の関係がある場合を考える．誤差の二乗和は

$$S = \sum \varepsilon_i^2 = \sum (y_i - Y_i)^2 = \sum (y_i - ax_i - b)^2 \tag{A.22}$$

であるから，これが未知量 a, b により極小となる条件は

$$\frac{\partial S}{\partial a} = 2 \sum x_i(ax_i + b - y_i) = 2\left(a \sum x_i^2 + b \sum x_i - \sum x_iy_i\right) = 0 \tag{A.23}$$

$$\frac{\partial S}{\partial b} = 2 \sum (ax_i + b - y_i) = 2\left(a \sum x_i + bN - \sum y_i\right) = 0 \tag{A.24}$$

である．この連立方程式から a と b を求めると

$$a = \frac{(\sum x_i)(\sum y_i) - N \sum x_iy_i}{(\sum x_i)^2 - N \sum x_i^2} \tag{A.25}$$

$$b = \frac{(\sum x_i)(\sum x_iy_i) - (\sum x_i^2)(\sum y_i)}{(\sum x_i)^2 - N \sum x_i^2} \tag{A.26}$$

となる．

一般的に，m 個の未知量 $(a_1, a_2, \cdots, a_m)$ とパラメータ X から与えられる量 Y がある場合には，各未知量が誤差の二乗和を極小にする条件から m 個の連立方程式が得られる．この連立方程式を解くことで最確値 a_i を決めることができる．連立方程式は解析的に解ける場合もあるが，指数関数などを含む場合にはコンピュータによる数値計算により解を求める必要がある．ただし，コンピュータを用いた数

値計算によるあてはめでは，誤差の二乗和が最小となる値ではなく，単に極小となる別の値が解として得られてしまう場合があり注意が必要である．

　最確値を求めた後は，必ずグラフに測定値とあてはめに用いた関数で表される直線（曲線）をプロットしてみる．計算が正しければ，直線（曲線）は測定値を最も確からしく表すはずである．測定値との間に測定誤差よりも明らかに大きい差が見られた場合は，2 つの量 X と Y の間に別の関係があることを示している．それは，実験の失敗の可能性もあるが，想定以外の現象（新たな自然科学現象？）が起きている可能性もあるので，十分注意して実験結果の考察を行う．

Section A.6
グラフの描き方

　レポートにおけるグラフの役目は，本文や表による説明を助けて実験結果を直感的に理解させ印象づけることである．グラフからは数値表だけではわからない測定結果の特徴をすばやく読み取ることができる．特に直線は高い精度で確認することができるため，測定点にある関係が予測されている場合は測定点が直線に並ぶようにグラフを工夫して描くことが有効である．また，グラフにすることにより測定値の異常や予測されていない信号が表れていることなどを初めて確認できる場合もある．

レポート用のグラフ作成

　自然科学総合実験のレポートに添付するグラフは以下の形式とする（図 A.9 参照）．ただし，課題により別途指示がある場合には，その指示に従うこと．

- A4 のグラフ用紙に**手描き**で作成し，スキャン[*5]したものをレポートの適切な位置に挿入する．
- 方眼紙の**種類**は，示そうとする量の特徴がよく表されるように選ぶ．
- グラフの**大きさ**は 1 辺 10 cm 程度を目安とし，小さすぎないようにする．
- **グラフ軸，縦軸と横軸の意味，単位**および**目盛数値（スケール）**を必ず明示する．これらはグラフ用紙の余白ではなく，余白の内側に記入する．余白には何も記入しない．
- 目盛数値は，プロットする測定点の値とグラフで表したい測定点の関係をよく検討して選ぶ．目盛線および目盛数値は数個で十分であり，必要以上に細かく描く必要はない．
- グラフをレポート本文で参照するために，**図番号**を図 1，図 2 のように付ける．番号は装置図なども含めて，すべての図に順番につける．さらに，どのような実験で測定したどのような量の関係かを示す**表題（説明文）**を付ける．
- 点をプロットする場合は，●や○，×などの**記号**を用いる．記号が小さすぎると読み取りが困難となり直感的な理解のさまたげとなるので，少なくとも 1 mm 以上の大きさとして記号の中心が値を表すようにする．
- 同じグラフに異なるデータ（例えば，実験値と計算値）をプロットするときは，必ず記号を変えてプロットし，その**説明（凡例）**を書く．
- 測定値の**誤差**がわかっている場合には，縦または横の棒をつけてその大きさを示す．

[*5]スマートフォンのスキャナ・アプリを推奨するが，影や歪みがないように撮影された写真でもよい．

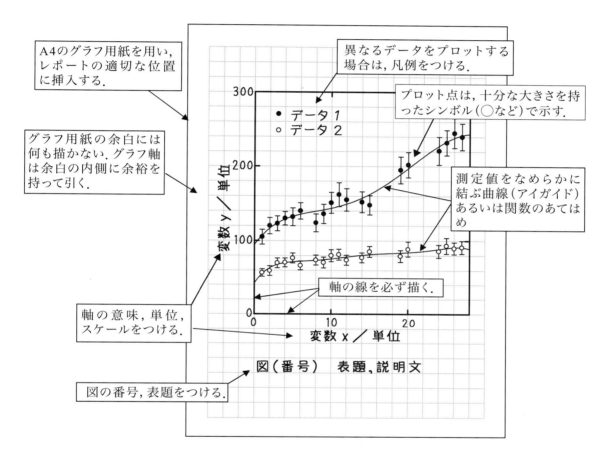

図 A.9: 正方方眼紙に 2 種類の実験データをプロットした例. この図ではデータに誤差棒を付け, アイガイドの曲線を引いてある.

- 測定値に一定の関係式が予想される場合には，その関係式を測定値にあてはめて線を引く（**関数のあてはめ**：後述）．そうではない場合でも，**アイガイド**と呼ばれる測定点を滑らかに結ぶ曲線[*6]を引くと，測定点の間の関係が見やすくなり効果的である．

以下，グラフ用紙の種類とその使用方法について述べる．

正方方眼紙

　正方方眼紙は最も一般的なグラフ用紙であり，目盛線（スケール）が等間隔（リニアスケール）となっている．正方方眼紙では点の値と方眼紙上の軸からの距離が比例関係となるようにプロットする．軸目盛の数値は等差数列をなしており，軸上の数箇所の目盛に数値を書き込む．**軸上の値が 0 となる場所には，必ず 0 の数値を書き入れるようにする．**

　図 A.9 は，正方方眼紙に 2 種類の実験データを縦軸方向の誤差を含めてプロットした例である．さらに，誤差を考慮したアイガイドにより測定点の間の関係を示してある．しかし，図 A.9 のアイガイドは関係式を予想して引いたものではなく，データを見やすくする以上の意味は持たない．

対数方眼紙

　自然科学現象はしばしば指数関数やべき乗に比例する変化を示す．こういった現象を表示する場合，片対数または両対数方眼紙にプロットするとデータが直線となり見通しが良くなる．指数関数的に変化する測定例を普通の正方方眼紙にプロットしたグラフ（図 A.10）と片対数方眼紙にプロットしたグラフ（図 A.11）を示す．

　対数方眼紙の軸目盛は正方方眼紙のように等間隔ではなく，点の値とグラフ上での軸からの距離との間に対数の関係（ログスケール）がある．このため，測定点のプロットには十分な注意が必要である．対数方眼紙の対数軸目盛は間隔が徐々に変化する目盛の繰り返しとなっている．繰り返しの 1 周期（生協で購入するグラフ用紙セットの対数方眼紙では約 6 cm）でちょうど 10 倍となるように測定点をプロットする．たとえば，図 A.11 のように周期の最初の目盛の値を 0.1 とした場合には，間隔がしだいに狭くなる方向に向かって太線の目盛が 0.2，0.3，0.4，… となり，次の周期の最初の目盛が 1 となる．2 周期目の太線の目盛は 2，3，4，… であり，3 周期目の最初が 10 となる．繰り返しの最初の目盛は必ず 10 のべき乗（0.1，1，10，100 など）とする．対数軸には値が 0 となる位置はない．

　片対数方眼紙上で直線となるデータについて考えてみる．プロットする値を (x, y)，グラフ上での軸からの距離を (X, Y) とすると，X 軸はリニアスケールで Y 軸はログスケールなので

$$X = \mathrm{A}x \tag{A.27}$$
$$Y = \mathrm{B}\log_{10} y \tag{A.28}$$

の関係がある．B はグラフの一周期の距離（約 6 cm）である．ここで，指数関数で表される量

$$y = \mathrm{a}\exp(\mathrm{b}x) \tag{A.29}$$

をプロットしてみよう．このとき，点の位置 (X, Y) には

$$Y = \mathrm{B}\log_{10}[\mathrm{a}\exp(\mathrm{b}x)] = \frac{\mathrm{b}\mathrm{B}\log_{10} e}{\mathrm{A}}X + \mathrm{B}\log_{10}\mathrm{a} \tag{A.30}$$

[*6]実験点を滑らかにつなぐ場合にはスプライン関数を使う場合が多いが，誤差のあるデータではかならずしも測定点を完全に結ぶ必要はなく誤差を考慮して曲線を引く．

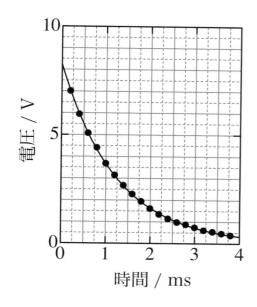

図 A.10: 電子回路の減衰振動の正方方眼紙への
プロット. 減衰が指数関数であることはわかり
にくい.

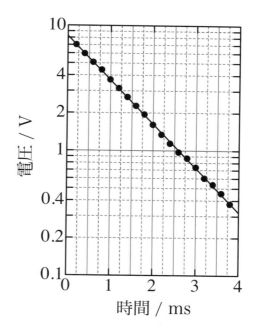

図 A.11: 電子回路の減衰振動の片対数方眼紙へ
のプロット. データが直線となり, 指数関数減
衰であることがわかる.

の関係があり, 直線となることがわかる. 図 A.11 では測定値が直線に並んでおり, 指数関数的な変化
であることがよくわかる.

両対数方眼紙では, X 軸と Y 軸の両方が対数軸なので

$$X = B \log_{10} x \tag{A.31}$$
$$Y = B \log_{10} y \tag{A.32}$$

の関係 (両対数方眼紙では 1 周期の距離 B は X 軸と Y 軸で等しい) がある. ここで

$$y = a x^b \tag{A.33}$$

と x のべき乗で変化する測定値をプロットすると点の位置 (X, Y) の関係は

$$Y = B \log_{10}(a x^b) = bB \log_{10} x + B \log_{10} a = bX + B \log_{10} a \tag{A.34}$$

となり, 傾き b の直線となる.

関数のあてはめ

測定値に一定の関係式が予想される場合には, **関数を測定値にあてはめる**とよい. 関数をあてはめる
ことで測定値の振る舞いを解析的に調べ, 理論的な予想と比較することが可能となる. 図 A.10 と図 A.11
の曲線および直線は, 前節 A.4 で述べた**最小二乗法**を用いて指数関数を測定値にあてはめたものである.
あてはめを行った後は, 必ずグラフを用いてあてはめの良し悪しを検討する. 特に, コンピュータを
用いた数値計算によるあてはめでは, 誤差の二乗和が最小となる関数ではなく, 単に極小となる別の関

数が得られてしまう場合がしばしばある．このような誤りは数表では確認が難しく，グラフによる確認が必要である．あてはめの良し悪しを詳細に検討するためには，測定値とあてはめた関数値の差（**差分**）をグラフにプロットすることが有効である．このとき，グラフの不連続な変化や小さい起伏が本質的な意味を持つこともあるので，不用意な先入観念をもってデータ解析を行うことにより重要な事実を見落さないように注意する必要がある．

片対数グラフから係数を求める方法

　最小二乗法による関数のあてはめを行なわなくても，グラフから目的とする未知量の値を読み取ることができる．図 A.12 は，課題 1「環境放射線を測る」で作成する遮蔽板の厚さと放射線強度の関係を示すグラフの例である．このグラフから放射線の線減弱係数 μ を求めてみる．遮蔽板の厚さを x，放射線強度を y とすると，その間には指数関数

$$y = a \exp(-\mu x) \tag{A.35}$$

の関係がある．Y 軸を対数軸とした図 A.12(b) の片対数グラフでは，測定値は直線となる．

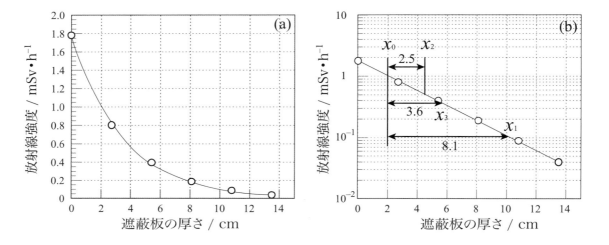

図 A.12: 片対数グラフから指数関数の係数（放射線の線減弱係数）を求める方法.

線減弱係数 μ をグラフから読み取るには，次のいずれかの方法を用いる．

- 1/10 に減衰する点を用いる方法（片対数グラフでは最も容易）

  1. 片対数グラフに測定点を最も確からしく通る直線を引く．

  2. 直線上の 1 点 (x_0, y_0) を決め，y の値が $y_0/10$ になる直線上の点 (x_1, y_1) を求める．

  3. $y_1 = y_0 \exp\{-\mu(x_1 - x_0)\} = y_0/10$ より，$\exp\{-\mu(x_1 - x_0)\} = \dfrac{1}{10}$ である．

  4. $\mu = \dfrac{\log_e 10}{x_1 - x_0} = \dfrac{2.30}{x_1 - x_0}$ となる．図 A.12 の場合には，$\mu = \dfrac{2.30}{8.1} = 0.28 \, [\mathrm{cm}^{-1}]$ となる．

- 1/2 に減衰する点を用いる方法

  1. 片対数グラフに測定点を最も確からしく通る直線を引く．

2. 直線上の 1 点 (x_0, y_0) を決め，y の値が $y_0/2$ になる直線上の点 (x_2, y_2) を求める．

3. 同様に $\mu = \dfrac{\log_e 2}{x_2 - x_0} = \dfrac{0.693}{x_2 - x_0}$ となる．図 A.12 の場合には，$\mu = \dfrac{0.693}{2.5} = 0.28 \,[\mathrm{cm}^{-1}]$ となる．

- $1/e$ に減衰する点を用いる方法

  1. 片対数グラフに測定点を最も確からしく通る直線を引く．

  2. 直線上の 1 点 (x_0, y_0) を決め，y の値が y_0/e になる直線上の点 (x_3, y_3) を求める．

  3. 同様に $\mu = \dfrac{\log_e e}{x_3 - x_0} = \dfrac{1.00}{x_3 - x_0}$ となる．図 A.12 の場合には，$\mu = \dfrac{1.00}{3.6} = 0.28 \,[\mathrm{cm}^{-1}]$ となる．

付録B

国際単位系・科学基礎定数・ギリシャ文字

Section B.1
国際単位系

●● B.1.1 基本単位 ●●

量	単位	単位記号
長さ	メートル	m
質量	キログラム	kg
時間	秒	s
電流	アンペア	A
温度	ケルビン	K
光度	カンデラ	cd
物質量	モル	mol

●● B.1.2 固有の名称をもつ組立単位 ●●

量	単位	単位記号	他の SI 単位による表し方	SI 基本単位による表し方
平面角	ラジアン (radian)	rad		
立体角	ステラジアン (steradian)	sr		
周波数	ヘルツ (hertz)	Hz		s^{-1}
力	ニュートン (newton)	N		$m \cdot kg \cdot s^{-2}$
圧力, 応力	パスカル (pascal)	Pa	N/m^2	$m^{-1} \cdot kg \cdot s^{-2}$
エネルギー, 仕事, 熱量	ジュール (joule)	J	$N \cdot m$	$m^2 \cdot kg \cdot s^{-2}$
仕事率, 電力	ワット (watt)	W	J/s	$m^2 \cdot kg \cdot s^{-3}$
電気量, 電荷	クーロン (coulomb)	C		$s \cdot A$
電圧, 電位	ボルト (volt)	V	W/A	$m^2 \cdot kg \cdot s^{-3} \cdot A^{-1}$
静電容量	ファラド (farad)	F	C/V	$m^{-2} \cdot kg^{-1} \cdot s^4 \cdot A^2$
電気抵抗	オーム (ohm)	Ω	V/A	$m^2 \cdot kg \cdot s^{-3} \cdot A^{-2}$
コンダクタンス	ジーメンス (siemens)	S	A/V	$m^{-2} \cdot kg^{-1} \cdot s^3 \cdot A^2$
磁束	ウェーバー (weber)	Wb	$V \cdot s$	$m^2 \cdot kg \cdot s^{-2} \cdot A^{-1}$
磁束密度	テスラ (tesla)	T	Wb/m^2	$kg \cdot s^{-2} \cdot A^{-1}$
インダクタンス	ヘンリー (henry)	H	Wb/A	$m^2 \cdot kg \cdot s^{-2} \cdot A^{-2}$
セルシウス温度	セルシウス度 *1	℃		K
光束	ルーメン (lumen)*2	lm	$cd \cdot sr$	
照度	ルクス (lux)*3	lx	lm/m^2	
放射能	ベクレル (becquerel) *4	Bq		s^{-1}
吸収線量	グレイ (gray)*5	Gy	J/kg	$m^2 \cdot s^{-2}$
線量当量	シーベルト (sievert)*6	Sv	J/kg	$m^2 \cdot s^{-2}$

*1 セルシウス温度 θ はケルビン温度 T により次の式で定義される. $\theta \, [℃] = T \, [K] - 273.15$
*2 1 lm: 等方性の光度 1 cd の点光源から 1 sr の立体角内に放射される光束.
*3 1 lx: 1 m^2 の面を, 1 lm の光束で一様に照したときの照度.
*4 1 Bq: 1 s の間に 1 個の原子崩壊を起す放射能.
*5 1 Gy: 放射線に照射された物質 1 kg に 1 J のエネルギーが吸収されたときの吸収線量.
*6 1 Sv: 1 Gy に放射線の生物学的効果の強さを考慮する因子を乗じた量.

●●　B.1.3 組立単位　●●

量	単位	単位記号	SI 基本単位による表し方
面積	平方メートル	m^2	
体積	立方メートル	m^3	
密度	キログラム/立方メートル	kg/m^3	
速度，速さ	メートル/秒	m/s	
加速度	メートル/(秒)^2	m/s^2	
角速度	ラジアン/秒	rad/s	
力のモーメント	ニュートン・メートル	N·m	m^2·kg·s^{-2}
表面張力	ニュートン/メートル	N/m	kg·s^{-2}
粘度 *1	パスカル・秒	Pa·s	m^{-1}·kg·s^{-1}
動粘度 *1	平方メートル/秒	m^2/s	
熱流密度，放射照度	ワット/平方メートル	W/m^2	kg·s^{-3}
熱容量，エントロピー	ジュール/ケルビン	J/K	m^2·kg·s^{-2}·K^{-1}
比熱，質量エントロピー	ジュール/(キログラム・ケルビン)	J/(kg·K)	m^2·s^{-2}·K^{-1}
熱伝導率 *2	ワット/(メートル・ケルビン)	W/(m·K)	m·kg·s^{-3}·K^{-1}
電界の強さ	ボルト/メートル	V/m	m·kg·s^{-3}·A^{-1}
電束密度，電気変位	クーロン/平方メートル	C/m^2	m^{-2}·s·A
誘電率	ファラド/メートル	F/m	m^{-3}·kg^{-1}·s^4·A^2
電流密度	アンペア/平方メートル	A/m^2	
磁界の強さ	アンペア/メートル	A/m	
透磁率	ヘンリー/メートル	H/m	m·kg·s^{-2}·A^{-2}
起磁力，磁位差	アンペア	A	
モル濃度	モル/立方デシメートル	mol/dm^3	
輝度 *3	カンデラ/平方メートル	cd/m^2	
波数	1/メートル	m^{-1}	
照射線量 *4	クーロン/キログラム	C/kg	

*1 「粘度 (粘性係数)」参照.
*2 物体中の等温面を通って，垂直方向に流れる熱流密度と，その方向の温度勾配の比.
*3 物体を一定方向から見たとき，その方向に垂直な単位面積当りの光度.
*4 1 kg の空気を電離して 1 C ずつの正負の電荷を生じる放射線量.

●●　B.1.4 接頭語　●●

大きさ	名　　称		記号	大きさ	名　　称		記号
10^{24}	ヨタ	yotta	Y	10^{-1}	デシ	deci	d
10^{21}	ゼタ	zetta	Z	10^{-2}	センチ	centi	c
10^{18}	エクサ	exa	E	10^{-3}	ミリ	milli	m
10^{15}	ペタ	peta	P	10^{-6}	マイクロ	micro	μ
10^{12}	テラ	tera	T	10^{-9}	ナノ	nano	n
10^9	ギガ	giga	G	10^{-12}	ピコ	pico	p
10^6	メガ	mega	M	10^{-15}	フェムト	femto	f
10^3	キロ	kilo	k	10^{-18}	アト	atto	a
10^2	ヘクト	hecto	h	10^{-21}	ゼプト	zepto	z
10^1	デカ	deca	da	10^{-24}	ヨクト	yocto	y

Section B.2

科学基礎定数

名称	記号	数値	単位
真空中の光速度 *1	c	299792458 m·s^{-1}	
真空中の透磁率	$\mu_0 = 4\pi \times 10^{-7}$	$1.25663706212(19)\cdots \times 10^{-6}$	H·m^{-1}
真空中の誘電率	$\varepsilon_0 = (4\pi)^{-1}c^{-2} \times 10^7$	$8.8541878128(13)\cdots \times 10^{-12}$	F·m^{-1}
万有引力定数	G	$6.67430(15) \times 10^{-11}$	N·m^2·kg^{-2}
プランク定数 *1	h	$6.62607015 \times 10^{-34}$	J·s
素電荷 *1	e	$1.602176634 \times 10^{-19}$	C
磁束量子 *1	$h/2e$	$2.067833848\ldots \times 10^{-15}$	Wb
フォン・クリッツィング定数 *1	$R_\mathrm{K} = h/e^2$	$2.581280745\ldots \times 10^4$	Ω
ボーア磁子	$\mu_\mathrm{B} = e\hbar/2m_\mathrm{e}$	$9.2740100783(28) \times 10^{-24}$	J·T^{-1}
核磁子	$\mu_\mathrm{N} = e\hbar/2m_\mathrm{p}$	$5.0507837461(15) \times 10^{-27}$	J·T^{-1}
電子の質量	m_e	$9.1093837015(28) \times 10^{-31}$	kg
陽子の質量	m_p	$1.67262192369(51) \times 10^{-27}$	kg
中性子の質量	m_n	$1.67492749804(95) \times 10^{-27}$	kg
ミュー粒子の質量	m_μ	$1.883531627(42) \times 10^{-28}$	kg
電子の磁気モーメント	μ_e	$-9.2847647043(28) \times 10^{-24}$	J·T^{-1}
自由電子の g-因子	$2\mu_\mathrm{e}/\mu_\mathrm{B}$	$-2.00231930436256(35)$	
陽子の磁気モーメント	μ_p	$1.41060679736(60) \times 10^{-26}$	J·T^{-1}
陽子の g-因子	$2\mu_\mathrm{p}/\mu_\mathrm{N}$	$5.5856946893(16)$	
中性子の磁気モーメント	μ_n	$-9.6623651(23) \times 10^{-27}$	J·T^{-1}
ミュー粒子の磁気モーメント	μ_μ	$-4.49044830(10) \times 10^{-26}$	J·T^{-1}
電子のコンプトン波長	$\lambda_\mathrm{C} = h/m_\mathrm{e}c$	$2.42631023867(73) \times 10^{-12}$	m
陽子のコンプトン波長	$\lambda_\mathrm{C,p} = h/m_\mathrm{p}c$	$1.32140985539(40) \times 10^{-15}$	m
微細構造定数	$\alpha = e^2/4\pi\varepsilon_0\hbar c$	$7.2973525693(11) \times 10^{-3}$	
	$1/\alpha$	$137.035999084(21)$	
ボーア半径	$a_0 = 4\pi\varepsilon_0\hbar^2/m_e e^2$	$5.29177210903(80) \times 10^{-11}$	m
リュドベリ定数	$R_\infty = e^2/16\pi^2\varepsilon_0 a_0\hbar c$	$10973731.568160(21)$	m^{-1}
電子の比電荷	$-e/m_\mathrm{e}$	$-1.75882001076(53) \times 10^{11}$	C·kg^{-1}
電子の古典半径	$r_\mathrm{e} = e^2/4\pi\varepsilon_0 m_\mathrm{e}c^2$	$2.8179403262(13) \times 10^{-15}$	m
原子質量単位	u	$1.66053906660(50) \times 10^{-27}$	kg
アボガドロ定数 *1	N_A	$6.02214076 \times 10^{23}$	mol^{-1}
ボルツマン定数 *1	k	1.380649×10^{-23}	J·K^{-1}
ファラデー定数 *1	$F = N_\mathrm{A}e$	$9.648533212\ldots \times 10^4$	C·mol^{-1}
1 モルの気体定数 *1	$R = N_\mathrm{A}k$	$8.314462618\ldots$	J·mol^{-1}·K^{-1}
完全気体の体積 (0 °C, 1 atm) *1	V_m	$22.41396954\ldots$	m^3·mol^{-1}
ステファン–ボルツマン定数 *1	$\sigma = \pi^2 k^4/60\hbar^3 \mathrm{c}^2$	$5.670374419\ldots \times 10^{-8}$	W·m^{-2}·K^{-4}

数値は CODATA2018 推奨値による.
*1 定義値.
( ) 内の 2 桁の数字は, 表示されている値の最後の 2 桁についての標準不確かさを表わす. 例えば, 真空中の透磁率の表記は $(1.25663706212 \pm 0.00000000019) \times 10^{-6}$ を意味する.

Section B.3

ギリシャ文字

A	α	Alpha	アルファ	I	ι	Iota	イオタ	P	ρ	Rho	ロー
B	β	Beta	ベータ	K	κ	Kappa	カッパ	Σ	σ	Sigma	シグマ
Γ	γ	Gamma	ガンマ	Λ	λ	Lambda	ラムダ	T	τ	Tau	タウ
Δ	δ	Delta	デルタ	M	μ	Mu	ミュー	Υ	υ	Upsilon	ウプシロン
E	ϵ, ε	Epsilon	イプシロン	N	ν	Nu	ニュー	Φ	ϕ, φ	Phi	ファイ
Z	ζ	Zeta	ゼータ	Ξ	ξ	Xi	グザイ	X	χ	Chi	カイ
H	η	Eta	イータ	O	o	Omicron	オミクロン	Ψ	ψ	Psi	プサイ
Θ	θ, ϑ	Theta	シータ	Π	π	Pi	パイ	Ω	ω	Omega	オメガ

東北大学自然科学総合実験テキスト編集委員会　編
自然科学総合実験

執筆者一覧（五十音順）

岩佐直仁	＊冨田知志
大下慶次郎	中野元善
太田宏	中村達
岡壽崇	＊中村教博
＊小俣乾二	長濱裕幸
金田雅司	縄田朋樹
梶本真司	長谷川琢哉
菅野学	福田貴光
河野裕彦	＊藤原充啓
小金沢雅之	保木邦仁
後藤章夫	本堂毅
小林弥生	前山俊彦
小安喜一郎	松村武
鈴木紀毅	宮田英威
須藤彰三	山北佳宏
関根勉	山下琢磨
＊田嶋玄一	吉澤雅幸
鳥羽岳太	綿村哲

（＊：編集責任者）

自然科学総合実験は東北大学における多くの先生方の長きに渡る教育研究の成果に基づいている

自然科学総合実験 2023

Textbook for Tohoku University General Education
Introductory Science Experiments 2023

© Tohoku University Press, Sendai 2023

2023 年 4 月 1 日　初版第 1 刷発行

編　者／東北大学自然科学総合実験テキスト編集委員会

発行者／関　内　　隆

発行所／東北大学出版会
　　　　〒980-8577　仙台市青葉区片平 2-1-1
　　　　TEL 022-214-2777　　FAX 022-214-2778
　　　　https://www.tups.jp
　　　　E-mail : info@tups.jp

印　刷／株式会社センキョウ
　　　　〒983-0035　仙台市宮城野区日の出町二丁目 4-2
　　　　TEL 022-236-7161　　FAX 022-236-7163

ISBN978-4-86163-387-4　C3040
定価はカバーに表示してあります。
乱丁，落丁はおとりかえします。

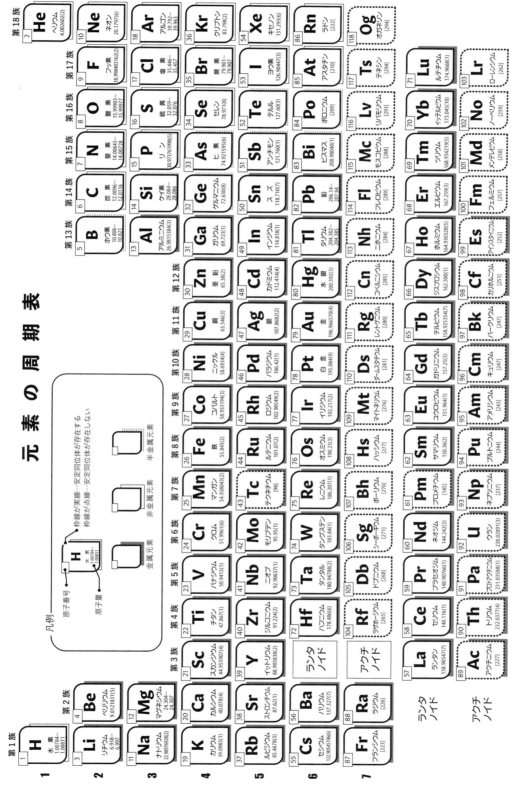

元素の周期表

凡例

原子番号 → H
原子量 → 水 素 1.00784~ 1.00811

- 枠線が実線…安定同位体が存在する
- 枠線が点線…安定同位体が存在しない

- 金属元素
- 非金属元素
- 半金属元素

	第1族	第2族	第3族	第4族	第5族	第6族	第7族	第8族	第9族	第10族	第11族	第12族	第13族	第14族	第15族	第16族	第17族	第18族
1	1 H 水 素 1.00784~1.00811																	2 He ヘリウム 4.002602(2)
2	3 Li リチウム 6.938~6.997	4 Be ベリリウム 9.0121831(5)											5 B ホウ素 10.806~10.821	6 C 炭 素 12.0096~12.0116	7 N 窒 素 14.00643~14.00728	8 O 酸 素 15.99903~15.99977	9 F フッ素 18.998403163(6)	10 Ne ネオン 20.1797(6)
3	11 Na ナトリウム 22.98976928(2)	12 Mg マグネシウム 24.304~24.307											13 Al アルミニウム 26.9815384(3)	14 Si ケイ素 28.084~28.086	15 P リ ン 30.973761998(5)	16 S 硫 黄 32.059~32.076	17 Cl 塩 素 35.446~35.457	18 Ar アルゴン 39.792~39.963
4	19 K カリウム 39.0983(1)	20 Ca カルシウム 40.078(4)	21 Sc スカンジウム 44.955907(4)	22 Ti チタン 47.867(1)	23 V バナジウム 50.9415(1)	24 Cr クロム 51.9961(6)	25 Mn マンガン 54.938043(2)	26 Fe 鉄 55.845(2)	27 Co コバルト 58.933194(3)	28 Ni ニッケル 58.6934(4)	29 Cu 銅 63.546(3)	30 Zn 亜 鉛 65.38(2)	31 Ga ガリウム 69.723(1)	32 Ge ゲルマニウム 72.630(8)	33 As ヒ素 74.921595(6)	34 Se セレン 78.971(8)	35 Br 臭 素 79.901~79.907	36 Kr クリプトン 83.798(2)
5	37 Rb ルビジウム 85.4678(3)	38 Sr ストロンチウム 87.62(1)	39 Y イットリウム 88.905838(2)	40 Zr ジルコニウム 91.224(2)	41 Nb ニオブ 92.90637(1)	42 Mo モリブデン 95.95(1)	43 Tc テクネチウム [98]	44 Ru ルテニウム 101.07(2)	45 Rh ロジウム 102.90549(2)	46 Pd パラジウム 106.42(1)	47 Ag 銀 107.8682(2)	48 Cd カドミウム 112.414(4)	49 In インジウム 114.818(1)	50 Sn ス ズ 118.710(7)	51 Sb アンチモン 121.760(1)	52 Te テルル 127.60(3)	53 I ヨウ素 126.90447(3)	54 Xe キセノン 131.293(6)
6	55 Cs セシウム 132.90545196(6)	56 Ba バリウム 137.327(7)	ランタノイド	72 Hf ハフニウム 178.486(6)	73 Ta タンタル 180.94788(2)	74 W タングステン 183.84(1)	75 Re レニウム 186.207(1)	76 Os オスミウム 190.23(3)	77 Ir イリジウム 192.217(2)	78 Pt 白 金 195.084(9)	79 Au 金 196.966570(4)	80 Hg 水 銀 200.592(3)	81 Tl タリウム 204.382~204.385	82 Pb 鉛 206.14~207.94	83 Bi ビスマス 208.98040(1)	84 Po ポロニウム [209]	85 At アスタチン [210]	86 Rn ラドン [222]
7	87 Fr フランシウム [223]	88 Ra ラジウム [226]	アクチノイド	104 Rf ラザホージウム [267]	105 Db ドブニウム [268]	106 Sg シーボーギウム [271]	107 Bh ボーリウム [270]	108 Hs ハッシウム [277]	109 Mt マイトネリウム [276]	110 Ds ダームスタチウム [281]	111 Rg レントゲニウム [280]	112 Cn コペルニシウム [285]	113 Nh ニホニウム [284]	114 Fl フレロビウム [289]	115 Mc モスコビウム [288]	116 Lv リバモリウム [293]	117 Ts テネシン [294]	118 Og オガネソン [294]

ランタノイド	57 La ランタン 138.90547(7)	58 Ce セリウム 140.116(1)	59 Pr プラセオジム 140.90766(1)	60 Nd ネオジム 144.242(3)	61 Pm プロメチウム [145]	62 Sm サマリウム 150.36(2)	63 Eu ユウロピウム 151.964(1)	64 Gd ガドリニウム 157.25(3)	65 Tb テルビウム 158.925354(7)	66 Dy ジスプロシウム 162.500(1)	67 Ho ホルミウム 164.930328(5)	68 Er エルビウム 167.259(3)	69 Tm ツリウム 168.934219(5)	70 Yb イッテルビウム 173.045(10)	71 Lu ルテチウム 174.9668(1)
アクチノイド	89 Ac アクチニウム [227]	90 Th トリウム 232.0377(4)	91 Pa プロトアクチニウム 231.03588(1)	92 U ウラン 238.02891(3)	93 Np ネプツニウム [237]	94 Pu プルトニウム [244]	95 Am アメリシウム [243]	96 Cm キュリウム [247]	97 Bk バークリウム [247]	98 Cf カリホルニウム [251]	99 Es アインスタイニウム [252]	100 Fm フェルミウム [257]	101 Md メンデレビウム [258]	102 No ノーベリウム [259]	103 Lr ローレンシウム [262]

- 原子量は Pure Appl. Chem. **2022**, 94, 573–600 より。( ) 内は最終桁の不確かさを表す。なお、同位体の組成比の変動が大きい元素については、原子量を範囲で示す。
- 安定もしくは準安定核種が存在しない元素については、その元素のうちで最も長寿命の核種の質量数を [ ] で示した。